潮菜制作技术
与
营养分析

黄武营 著

暨南大學出版社
JINAN UNIVERSITY PRESS

中国·广州

图书在版编目（CIP）数据

潮菜制作技术与营养分析/黄武营著．—广州：暨南大学出版社，2013.12
（2020.1 重印）
ISBN 978 - 7 - 5668 - 0850 - 9

Ⅰ. ①潮…　Ⅱ. ①黄…　Ⅲ. ①菜谱—潮州市②菜肴—食品营养分析—潮州
市　Ⅳ. ①TS972. 182. 653

中国版本图书馆 CIP 数据核字（2013）第 269894 号

潮菜制作技术与营养分析
CHAOCAI ZHIZUO JISHU YU YINGYANG FENXI
著　者：黄武营

出 版 人：徐义雄
责任编辑：潘雅琴　郝　文
责任校对：周海燕
责任印制：汤慧君　周一丹

出版发行：暨南大学出版社（510630）
电　　话：总编室（8620）85221601
　　　　　营销部（8620）85225284　85228291　85228292（邮购）
传　　真：（8620）85221583（办公室）　85223774（营销部）
网　　址：http：//www. jnupress. com
排　　版：广州市天河星辰文化发展部照排中心
印　　刷：广州市快美印务有限公司
开　　本：787mm×1092mm　1/16
印　　张：12
字　　数：220 千
版　　次：2013 年 12 月第 1 版
印　　次：2020 年 1 月第 2 次
印　　数：2001—3000 册
定　　价：49. 80 元

作者简介

　　黄武营，硕士，潮菜高级烹调技师，中餐国家级裁判员，中式烹调师考评员，广东烹饪名师，韩山师范学院地理与旅游管理系实验室主任。擅长潮菜制作、食品雕刻，同时对食品安全和菜肴营养成分有所研究。

　　从事烹饪教育工作以来，先后参加了第五届全国烹饪大赛，第十六届中国厨师节，第一、第二届全国高等院校烹饪技能大赛，广东省第十一届"挑战杯"大学生课外科技作品大赛等各类国家级、省级专业比赛，获得特金奖一项、金奖两项、银奖两项、铜奖两项、省级二等奖一项。此外，2008年6月带领学生参加北京奥运会餐饮服务工作，获第29届奥林匹克运动会组委会颁发的荣誉证书及中国烹饪协会颁发的"优秀组织管理奖"。

序：潮菜虽然好吃，也应各取所需

——黄武营《潮菜制作技术与营养分析》

林伦伦

　　地理与旅游管理系的黄武营老师交给我一本《潮菜制作技术与营养分析》书稿，让我写个序言，作为推介。我欣然同意，一是自己学校里的老师出了科研成果，我乐观其成；二是我自己"好食"潮菜，是潮菜的骨灰级粉丝，当然得为潮菜"鼓与呼"；三是一辈子吃潮菜，到现在潮菜已经名动世界，也只是"知其然而不知其所以然"，枉为潮菜食客。正好有黄老师的这本《潮菜制作技术与营养分析》，我倒要看看潮菜"原汁原味"、"清淡鲜美"等口感特征与营养结构和饮食健康有什么直接的关系。

　　说到潮菜，毫不夸张地说，我活了多少年，就已经吃了多少年的潮菜了。但在小时候温饱尚未解决的年代，未闻"潮菜"大名，不知道自己吃的就是名贵的"潮菜"，现在留在大脑中的只是一些碎片式的关于"食"的美好记忆。

　　逢年过节"用"（我的老家澄海乡下避讳直接说出"宰杀"的字眼）鹅祭拜祖先、老爷（神祇），那就是少年儿童有机会打牙祭的盛大节日。因为当了大半年的牧鹅少年，终于有卤鹅肉吃了。外婆家养的鹅，各个都有十多斤重。那大鹅走起路来，一摇一摆的，颇有大将风度。那颀长的脖子一伸直，约有1.5米高，比当时7岁的我还高了差不多两个拳头。硕大的鹅头上长了个"包"，头与脖子相连的地方是一块下垂的大大的"额呖侪"。长大后我才知道就是这个颇为特殊的头被美誉为"狮头"，这种鹅被美誉为"狮头鹅"。现今在北京、广州高档酒楼里一枚老鹅头可以卖到1 388元的高价，但我现在吃起来就是没有儿时的那个香哦。鹅头通常是大人下酒专用的，鹅肝、鹅腱是孝敬家里的长辈的，小家伙们当然只有吃肉、啃骨头的份儿，能分到一个脚趾的鹅掌、一段翅膀，就高兴半天。往往是肉吃完了骨头还舍不得丢，骨头扔掉了手还继续舔，舍不得洗。

而每到盛夏季节，"薄壳"冬（季节）到了，"薄壳"（海瓜子，短齿贻贝的一种）个大肉红，鲜美无比。当时的价格是几分钱一斤，大人是一小簸箕一小簸箕地买。离我们家不远的一个渔村流行着这样的故事：生产队里开会，队员们每人带来一簸箕蒸熟的"薄壳"，一边听队长训话，一边嗑"薄壳"。散会时大家都找不到自己的拖鞋和木屐，因为它们都被"掩埋"在"薄壳"壳里。"薄壳"可做的菜可多了，炒薄壳、蒸薄壳、薄壳糜（粥）、薄壳芋头糜、薄壳米、薄壳米炒葱花、薄壳米汤，怎么做都好吃，其实就是食材本身太鲜美了。巴鳞鱼饭则肉色白亮，味道"鲜甜"。这个"甜"不是sweet，而是 fresh and tasty，鲜美可口的意思。最好是蘸点豆瓣酱吃，原汁原味的鲜甜；喜欢香口者煎一下，香喷喷的适宜下酒送饭。当令的菱角、竹笋也是上好的食材，猪尾巴菱角煲、搁点葱油花儿的菱角甜羹、炒鲜笋丝儿、老鸭竹笋汤，鲜美无比。现在在菜馆、酒楼里点菜，我都要寻找这些年少时的记忆。同事们都说我会点菜，好像我对潮菜多有研究似的，我笑而不答，因为"咀破无酒食"（说穿了没啥），就是按着从前这些记忆的碎片逐个落实就是了，哈哈。

可以想起来的农家菜还有很多，什么蚝烙（小牡蛎煎）、麦烙（麦麸煎饼）、大菜（芥菜）煲、猪肠熬咸菜、菜脯卵（萝卜干碎儿炒鸡蛋）……还有各种说不尽形状、包着各种馅儿的五颜六色的"粿"，各种"香糜"（猪肉糜、虾糜、蟹糜、鱼糜、朥粕糜等），各种"粿条"（炒粿条、牛肉丸粿条、沙茶粿条）等。而当我读了黄武营老师这本《潮菜制作技术与营养分析》，我才知道，我们从小到大，吃的都是符合健康理念的"营养潮菜"。真的是"不说不知道，一说吓一跳"！

有关潮州菜介绍、研究和菜谱的书籍坊间很多。其中销量最大、口碑最好的莫过于张新民兄的《潮菜天下》，汇潮菜人文历史和菜谱、制作工艺于一炉，配上让人看了垂涎三尺的美食照片和著名画家郭莽园老师的精美插画，书本身就是一道绝好的精神佳肴。黄武营老师的这本《潮菜制作技术与营养分析》，则是另辟蹊径，在潮菜的营养成分构成方面下功夫。除了对每一道潮菜的主料、辅料的用量，使用的烹调方法、制作的过程作了介绍之外，黄老师还带领学生们，对菜肴的主要营养成分，包括热量、脂肪、蛋白质、胆固醇、主要微量元素、部分维生素等的含量都通过实验，作了详细的分析，并把每个菜肴的营养结构都列出表格来，直观清晰地展现给读者。消费者在点菜时，可以根据自身的身体状况和口味来选择适合自己营养需求的菜肴。这样就可以让消费者"各取所需"，吃得明明白白、放心舒心。这样的潮州菜，不仅是美味佳肴，更是放心菜、健康菜。如果说，新民兄的《潮菜天下》是中医经验式的、人文色彩浓重，那黄老师这本《潮菜制作技术与营养分析》，则是西医验证式的、科学味道浓郁。

　　这种把潮州菜的营养成分作量化分析、直观地呈献给消费者的做法，无论是对消费者的身体健康，还是对潮州菜的规范化发展，都是很有益的尝试。作为一名潮州菜的"好食客"，我乐见其成，也乐意推荐给同好们。

　　　　（序言作者系韩山师范学院院长、教授，潮汕方言与文化研究学者）

　　　　　　　　　　　　　　　　　　　　　　2013 年 9 月 30 日

目　录

果蔬、豆制品及食用菌类

家禽、家畜及蛋制品类

海鲜类

河鲜类

概　说

一、潮州菜的概况

潮州菜是粤菜的一个分支，是具有鲜明潮汕地域特色、能够体现潮汕饮食文化的地方菜肴。潮州菜凭其悠久的历史和独特的风味饮誉海内外。

（一）潮州菜发展的不同阶段

1. 潮州菜的雏形阶段

唐代元和十四年（819），韩愈因谏停迎佛骨，被贬潮州。在唐代，潮州还十分荒芜偏僻，生产技术与中原一带相比相对落后，但是饮食文化的雏形已初步形成。韩愈在《初南食贻元十八协律》中写道："鲎实如惠文，骨眼相负行。蚝相黏为山，百十各自生。蒲鱼尾如蛇，口眼不相营。蛤即是虾蟆，同实浪异名。章举马甲柱，斗以怪自呈。其余数十种，莫不可叹惊。我来御魑魅，自宜味南烹。调以咸与酸，芼以椒与橙。腥臊始发越，咀吞面汗骍。惟蛇旧所识，实惮口眼狞。开笼听其去，郁屈尚不平。卖尔非我罪，不屠岂非情。不祈灵珠报，幸无嫌怨并。聊歌以记之，又以告同行。"从中不难看出，在唐代潮州人就以众多海产品为烹饪原料且出现了使用酱碟调味的饮食习俗，这说明了在唐代潮州的饮食文化已具雏形。

2. 潮州菜的发展阶段

唐宋至明代万历年间，随着政治、经济中心的南迁，中原文化大量融入闽粤，使潮汕地区吸收了大量的中原饮食文化，同时潮汕海外贸易的兴盛和农业的快速发展，也使潮汕人民的生活水平得到迅速提高，这些因素对潮州菜的发展起到了很大的推动作用。万历年间，潮州乡贤林熙春在《感时诗》中写道："瓦陈红荔与春梅，故俗于今若浪推。法酝必从吴浙至，珍馐每自海洋来。羊金饰服三秦宝，燕玉妆冠万里瑰。焉得棕裙还怕俗，堪羞大袖短头鞋。"从诗中不难看出，当时潮州的经济比较繁荣，饮食也比较讲究，潮州菜也随着潮汕人民生活水平的不断提高而进入稳定的发展阶段。

3. 潮州菜的兴盛阶段

清乾隆之后，潮州酒楼茶馆风盛，韩江上的六篷船（妓船）饮馔精良，海船出入的樟林港设有通宵达旦的夜市。社会风气的奢靡和消费市场的扩大，自然而然地促进了潮汕美食的发展。1860 年汕头开埠，潮汕的红头船走遍东南亚，樟林港成为中国当时对外贸易的重要港口，潮州与海内外的贸易更加频繁，越来越多的潮汕人移民海外经商，进一步推动了潮州菜的传播与发展，潮州菜也逐渐成为一种具有潮汕地域文化特色的地方菜系。

（二）推动潮州菜发展的主要因素

1. 历史因素

古潮州有"海滨邹鲁"之称，又是"十相留声"之所。唐代的常衮、杨嗣复、李德裕、李宗闵，宋代的陈尧佐、赵鼎、吴潜、文天祥、陆秀夫、张世杰，这 10 位身居百官之长的宰相，有的违反圣意被贬，有的追随流亡皇朝转战来潮。虽然遭遇不同，心境各异，但他们却都将中原先进的文化带进了潮州，并促进了潮州文化的发展。唐元和十四年（819），刑部侍郎韩愈因谏停迎佛骨被贬为潮州刺史，他对潮州最大的贡献就是整顿州学传道起文。唐宋以后，这片深受中原文化熏陶的潮汕大地文风蔚起，豪贤辈出。据乾隆《潮州府志》统计，终宋一代，潮州得荐辟者 19 人，登进士者 172 人。而且建炎二年（1128），一科联捷者竟有 9 人，轰动一时。明代会试登进士者 160 人，其中有"同榜八骏"之美谈，"兄弟联科"之佳话，一门三进士之荣耀，乡试中举人者多达 1 088 人。这些文人和官员的往来应酬推动了潮州与各地区饮食文化的交流，此外大量辞官后回家乡定居的潮籍官员，也带来了中原各地的先进饮食文化和烹调技术，这些因素皆促进了潮州菜的发展。长期以来潮汕地区人多地少，潮汕人民逐渐形成了"精耕细作"的优良传统。有不少人认为潮菜中"做工精细"的风格特点是受到这种"精耕细作"优良传统的影响，但是从潮汕的历史文化和官府菜的风格特点来看，潮菜中"做工精细"的特点主要是受到了潮汕历史因素及官府菜风格的影响。

2. 地理物质因素

潮汕地区位于东经 115°～117°，北纬 22°～24°，陆地总面积 10 346 平方公里。潮汕属于南亚热带季风气候，境内河流众多，有韩江、榕江、练江贯穿全区，水资源非常丰富，日照时间长，年日照时数达到 2 000 个小时左右，阳光充足，降雨充沛。潮汕地区有漫长的海岸线，良好的渔场——面积大概32 000 平方公里，沿海滩涂面积超过 136.9 平方公里，占广东省滩涂面积的40%，其山地大概占 30%，平原占 70%。潮汕地区独特而优越的地理环境和气候，决定了其丰富的物产资源。已鉴定的植物1 976种，分隶241科，海产资源丰富，海区内鱼类700种，其中近海鱼类471种，还有甲壳类（主要是虾、蟹）、贝类、棘皮动物、爬行类、藻类等。潮汕地区除了农作物、海产品非常丰富以外，山珍野兽、家禽家畜种类也繁多。俗话说，"巧妇难为无米之炊"，潮汕丰富的物产资源为潮州菜发展提供了丰富的物质基础，逐渐使潮州菜形成了用料讲究的特点。

3. 民俗因素

潮汕花样翻新的美食与潮汕的一些社会民俗有密切的联系。潮汕人特别重视岁时节日，所以迎神赛会、庙祀祭拜特别多。旧时，潮汕地区一年中有二十多个节日，各家各户还有已逝祖先的忌日，各乡、各里又有集体的祭拜，基本上每个月有两三个祭拜节日。潮人祭拜神明的供品，实际上也是食品，祭拜者根据家人的喜好来安排供品，因此在迎神赛会与庙祀祭拜时，人们都会做自己最爱吃的美食作为祭拜活动的供品。在潮汕地区，通常是以一个自然村或一个宗族为单元来举行迎神庙祀活动，因此在举行迎神庙祀祭拜时村与村或宗族与宗族之间容易相互攀比。即使是现在，潮汕地区迎神后还经常出现几百台"食桌"的情形，所以旧时潮汕迎神庙祀的节日，其实就是人们做美食相互攀比的节日。现在大部分潮汕精美小吃都是由以前祭拜神明的供品演变而来。潮汕民间祭拜神明的供品，随着时代的进步和科技与经济的发展，经过巧妇或名厨的烹制、研制，最终演变成独具一格的潮汕美食。在旧社会餐饮业尚不够兴盛的情况下，如此繁多的祭拜活动，推动旧时潮州菜不断翻新和变化，为潮州菜的发展，特别是对潮州小吃、潮州素菜的发展起到很大的推动作用。

4. 经济因素

1860年汕头开埠，潮州的红头船走遍东南亚，樟林港成为中国当时对外贸易的重要港口，同时资本主义势力竞相入侵，刺激了潮汕城乡商品经济的发展。商业贸易、交通、科技等领域的迅速发展和城市经济的日趋繁荣，使汕头作为近代都市而崛起。各种频繁的商业活动不仅使潮汕地区经济腾飞，也刺激了当时人们的餐饮消费能力。汕头开埠后各种档次的酒楼如雨后春笋般涌出，在19世纪30年代，汕头的陶芳酒楼、擎天酒楼、乾芳酒楼、中央酒楼等都在当时颇具规模，也是非常有名的高档酒楼。各种档次酒楼之间的相互竞争又促进了潮州菜的创新和快速发展。

5. 潮商因素

潮汕是著名侨乡，现在世界各地的潮汕华侨有一千多万人。汕头开埠以后每年有成千上万的潮人，从樟林港下海向东南亚等处迁徙，走出去的潮人通过自己的勤奋和才智，获得成功后回到家乡投资，给家乡的经济带来了巨大的影响。潮籍侨商在潮汕与世界各地之间的贸易往来，不但促使潮汕经济腾飞，也给潮州菜带来了各地不同的烹饪原料和烹调技法。如印度尼西亚的燕窝，泰国的鱼露、沙茶等；潮菜中的刺身就是吸收了日本料理的做法。聪明能干的潮汕华侨也把潮州菜带到了世界各地，19 世纪末新加坡的潮州菜就很盛行。1895 年潘乃光在一首《海外竹枝词》中写道："买醉相邀上酒楼，唐人不与老番侪。开厅点菜须庖宰，半是潮州半广州。"潮州菜以潮商的贸易往来为载体，不仅吸收了各地饮食文化的精华，也积极向海内外进军，从而扩大了潮州菜的影响，促进其迅速发展。1978 年汕头成为改革开放特区以及重要的海港贸易城市，汕头经济再次腾飞，潮商对潮州菜影响进一步扩大，潮州菜从潮籍华侨集聚地和美食天堂——香港，向全国各大城市辐射，迅速成为国内外食客的新宠。

（三）潮州菜的特点

1. 善于烹制海鲜

潮汕地区濒临南海，丰富的水产资源造就了潮汕人"靠山吃山，靠海吃海"的饮食习惯，不同的水产品菜肴经过精心烹制，鲜而不腥，清而不淡，美味可口。

2. 用料讲究、做工精细，口味崇尚清鲜、重视原汁原味

潮州菜对原料很讲究，要求用生猛海鲜，刚宰杀的禽肉、兽肉和从田园里新摘来的绿色蔬菜。潮菜在烹饪过程中，讲究尽量保持每一种原料原有的风味，使菜肴凸显原汁原味的特色。这种"原汁原味"，更多的是通过清淡体现出来，但潮州菜所崇尚的清淡并不是那种简单的淡而无味，而是那种源自自然的清中取味。潮州菜的这种清淡也许就是人们所说的"大味必淡"的境界。潮汕历史上受儒学熏陶较深，加上人多地少，造就了潮汕人"精耕细作"的传统。潮州菜受官府菜的影响和"精耕细作"优良传统的熏陶，逐渐形成"做工精细"的风格。

3. 素菜特色鲜明

潮菜有"三多"，其一是素菜多变，但又不同于佛门斋菜，其最大特点就是"素菜荤做，见菜不见肉"。素菜与肉类一起烹调，让素菜的芳香与肉汁的浓香渗在一起，在上菜时又把肉去掉做到"见菜不见肉"，这就是潮州素菜令人百尝不厌、回味无穷的原因。

4. 佐料品种多样化

潮菜在烹制过程中一般不与过多的佐料混合烹制，而是将佐料作为酱碟

任客人选用，上至筵席菜肴下至地方风味小吃，每道潮州菜基本上都配有各自的酱料，有酸、甜、香、辣、咸等。潮菜酱料多种多样但各有讲究，一方面因菜而异，食客可根据不同菜肴选择酱碟佐料，如生饮龙虾配橘油，蒸鱼配豆酱，牛肉丸配辣酱等；另一方面因人而异，以人为本选择自己喜爱的酱料口味，一道菜有多种不同味道，令人赞叹不已。

5. 注重食疗养生保健

中国传统医学的食疗养生理论是"医食同源"、"药食同用"。潮州菜虽然无药膳之名，却有药膳之实。例如，橄榄炖猪肺有祛湿清肺的功效，柠檬炖鸭可以防止心血管疾病……这说明潮州菜"有药性无药实"。潮州汤菜讲究主料的搭配，常加入能够发挥滋阴、清补、祛湿、养气养血等功效的食药材，且讲究季节性的食疗养生，如春季的清热祛湿、夏季的清热祛暑、秋季的清燥、冬季的滋补。

潮州菜的这五个特点，如果只单独看某一点，它和其他菜系有很多相似之处，但这又不能纯粹地遵循相加法则，潮州菜将这些特点融于一身，凸显其整体形象，从而区别于其他菜系，展现出独特的饮食文化魅力。

（四）潮州菜的发展趋势

潮商足迹满天下，潮州菜也跟随潮商走向大江南北，就像汉学大师饶宗颐先生所说的："世界上有流水的地方就有潮州人，有潮州人的地方就有潮州菜。"潮州菜已走出中国，走出亚洲，正逐渐走向世界。2010年潮州菜作为粤菜代表入驻上海世博会，2012年潮州菜又代表中餐亮相韩国丽水世博会，在世界各地的游客面前大放异彩，将潮州菜的发展推向一个前所未有的高度。从市场经济角度来看，潮州菜已经成为推动潮汕经济发展的优质资源，成为中国餐饮业发展的名片，但是从长远的角度来看，消费者将愈来愈讲究膳食的营养与健康，潮州菜应当寻求新的发展思路，只有倡导健康饮食新理念，潮州菜才能引领潮流立足于世界饮食之林。

二、潮州菜传统健康饮食理念的表现方式

随着社会经济的迅速发展，人们生活水平的快速提高，人们对吃什么、怎么吃、吃了以后对身体的效果如何等方面提出了更高的要求，也就是说人们更注重健康的饮食结构。目前潮州菜推崇健康饮食的方式也是多种多样：原生态食品（绿色食品）、食疗养生、原汁原味、崇尚清淡等，虽然这些特色是潮州菜受到消费者青睐的主要原因，但这些理念主要是从宏观层次体现潮

州菜健康饮食的特点的，不能为消费者提供量身定做的菜肴信息。医学和营养学认为健康的饮食要掌握好营养素和热量平衡，多吃会变胖；少吃会饥饿，身体也会不健康；同时任何营养素都有一个量的平衡与限度，营养素过少，可能会患营养缺乏症；营养素过多，则可能会患心血管病、糖尿病、肥胖病等慢性病。

（一）原生态食品

食品安全是政府和企业对社会最基本的责任和必须作出的承诺，它通常属于政府保障或政府强制的范畴，也是衡量人们生活质量、社会管理水平和国家法制建设的一个重要方面。由农药残留、食品添加剂、防腐剂、其他化学物质及重金属等衍生的食品安全问题，仍然不断地困扰我们的生活，食品安全是我们健康饮食的前提和基本保障。我们可以看到现在的各大商家、酒店都借各种原生态食品或绿色食品来打造卖点。近年来非常火爆的"农家乐"，其中一个最重要的卖点就是菜肴的原料属于原生态食品的范畴。食品加工原材料的安全是非常重要的，是我们健康饮食的首要因素，但并不是所有安全、有营养的食品，我们都可以无节制地吃，因为热量过剩、胆固醇过量等都会导致疾病。

（二）食疗养生

中国药膳融医、食为一体，这是根据我国源远流长的中医药理论，用中药和食物相配，加入适当调料，经炮制、烹调加工而成，它取药物之性，用食物之味，食借药力，药助食功，相得益彰，故药膳食疗独擅养生防病之功。潮州菜虽然无药膳之名，却有药膳之实。药膳作为一种治病的辅助手段是可行的，但是近年来很多人把药膳当作滋补品，把吃药膳当作是赶时髦。药是治病的，但药总有一定副作用，健康的人吃多了反而会生病。药膳是一种跨学科的产物，很多懂得药食配伍的人不懂得烹调，懂得烹调的人又不懂药膳配伍，且人们在选择药膳时往往比较注重其味道，这就导致很多厨师根据一些药的功效制作药膳，而这些药膳往往没有经过临床验证。

（三）原汁原味、崇尚清淡的饮食习惯

讲究菜肴的原汁原味、崇尚口味的清淡，是潮州菜一个最显著的特点，也是潮汕居民一个好的饮食习惯。好的饮食习惯有利于食物的吸收，也有利于保护人体的消化系统，但是有好的饮食习惯不等于有健康的饮食结构。健康的饮食应该建立在良好饮食习惯的基础上，合理地调整膳食结构，从而达

到居民饮食健康的要求，促进居民的身心健康。因此，良好的饮食习惯必须和各种营养成分的适当摄入量及食物的安全性结合起来，这样才能搭建一个健康的饮食结构。

三、本书的结构与功能

对于各个菜系而言，如何更好地推广"健康饮食"都是一个具有挑战性的难题。本书把传统健康饮食的理念和营养学、医学的理念结合起来，提出"各取所需"的新理念，完善了健康饮食的结构。

（一）"各取所需"理念

潮州菜在食材的选择、搭配以及烹制方法等方面，处处体现着健康饮食的理念，但无论是潮州菜还是其他菜系的菜，在推广健康饮食的过程中，都存在着这样的两个矛盾：一是传统健康饮食理念与国际健康饮食理念不相融；二是急需普及的"健康饮食"理念与落后的人民大众饮食知识的矛盾。主要表现为由于营养学在国内尚未普及，不科学的饮食习惯和不合理的膳食结构已经成为影响大众身体健康的重要因素。大部分人误以为"吃贵吃高档就是有营养"、"绿色食品就可以随意吃"，身体负担逐渐加重、正常机理紊乱，造成了很多疾病烦恼，有些病症甚至危及生命安全。为解决上述难题，本书作者尝试在传统健康饮食理念的基础上，融入新的饮食理念——营养成分的各取所需。各取所需，原意是指各自选取自己所需要的。这里的意思是指个人根据自身的情况选择适合自己的菜肴，依据明确的膳食目标，有针对性地搭配膳食，从而达到健康饮食的目标。

（二）本书的构成

实现"各取所需"的重要前提就是菜肴信息的直观化。本书选择了80道不同原料和不同做法的潮菜为研究对象。这80道潮菜中主料达到70多种，涵盖海鲜、河鲜、禽、畜、山珍、果蔬、干货等；烹调技法包括了炒、炸、煎、蒸、炖、焖、卤、焗、焯、浸、油泡、返沙、酿等20多类；风味上包含潮州荤菜、潮州素菜、潮州甜菜。从菜肴的主料构成、烹调技法的分布和风味特点来看，这80道潮菜能反映潮菜的基本特征。将这80道潮菜的用料量化，制作过程规范化，菜肴营养成分数据化、直观化，为推动"各取所需"的健康饮食新理念起到"抛砖引玉"的作用。

我们以"笋焖鱼鳔"为例来展示《潮菜制作技术与营养分析》基本的

構成。

1. 材料

主料：发好鱼鳔 300 克。

辅料：竹笋 150 克、水发香菇 50 克、红辣椒 10 克、虾米 10 克、姜 10 克、葱 10 克。

调料：鱼露 6 克、味精 2 克、胡椒粉 3 克、香麻油 3 克、湿生粉 15 克、鸡汁 5 克、花生油适量。

2. 制作方法

（1）将发好的鱼鳔洗净，切成 5 厘米的长段放进沸水中，加入姜、葱、料酒焯水（去腥），捞起鱼鳔滤干备用。

（2）竹笋切块，冷水投料，加盐，大火烧开后调小火，煮约 20 分钟，捞出，漂凉后切成笋花备用，香菇、红辣椒切成角备用，葱切段备用，虾米用水泡发后捞起备用。

（3）热油润锅，锅底留少许油，先投入香菇、虾米、葱爆香，下笋花、红辣椒炒香，放入鱼鳔翻炒后加少量水，调入鱼露、味精、胡椒粉、鸡汁，用小火焖煮 5 分钟后用湿生粉勾芡，调入香麻油，调大火力炒匀收汁，再勾芡一次，加包尾油，出锅装盘即可。

3. 菜肴主要营养成分

笋焖鱼鳔主要营养成分一览表

营养素名称	含量	营养素名称	含量
能量	449 kcal	蛋白质	61.66 g
脂肪	16.61 g	碳水化合物	15.82 g
饱和脂肪	0.08 g	钙	85.76 mg
铁	8.78 mg	锌	2.44 mg
钠	821.32 mg	钾	124.02 mg
磷	425.72 mg	胡萝卜素	84.49 μg
维生素 A	19.48 μgRE	维生素 C	2.51 mg
维生素 E	0.38 mgα-TE	膳食纤维	2.81 g
胆固醇	10.35 mg		

从笋焖鱼鳔的菜肴介绍中，我们可以清晰地看到菜肴主辅料的用量、烹调方法、整个菜肴主要营养成分等基本信息，供不同的消费者"各取所需"地选择菜肴，提高消费者的饮食质量，引导他们成为自己健康饮食的"营养

师"，合理科学地配膳，调整饮食结构。

（三）本书的功能

1. 菜肴信息直观清晰

本书把每道菜肴的主料、辅料的用量，烹调方法，制作过程和菜肴的主要营养成分包括热量、脂肪、蛋白质、胆固醇、主要的微量元素、部分维生素等信息，直观清晰地展示给消费者。让他们在饮食消费的同时，能够根据自身所缺少的营养元素，选择适合自己营养需求的佳肴。在潮菜的发展过程中，本书首次提出"各取所需"的理念并将菜肴的各类信息直观化，对倡导人们健康饮食和推动潮州菜的发展有积极的探索意义。

2. 与"中国居民平衡膳食宝塔"搭配使用，相得益彰

专家建议中国居民每人每天应该摄入不同量的各类食物，具体情况如图1所示。不同年龄段和从事不同类型工作的人需要作适当的调整，但有一点，只有养成科学的饮食习惯，合理地调整膳食结构，才能够吃得明白，吃出营养，吃得健康。

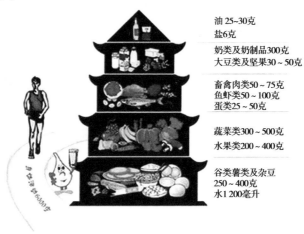

油 25~30克
盐6克
奶类及奶制品300克
大豆类及坚果30~50克
畜禽肉类50~75克
鱼虾类50~100克
蛋类25~50克
蔬菜类300~500克
水果类200~400克
谷类薯类及杂豆
250~400克
水1 200毫升

图1　中国居民平衡膳食宝塔

"中国居民平衡膳食宝塔"只告诉我们食用食物种类的大概范围，而相同数量的各种蔬菜水果中，所含维生素的成分和数量都是不同的，相同数量的各种肉类食物所含的热量、胆固醇、脂肪酸等营养素也是不同的。如果将"中国居民平衡膳食宝塔"和"菜肴主要营养成分一览表"搭配起来指导消费者选择食物，相互取长补短，就可以使各种食物以及营养元素种类、数量等适当搭配，消费者既能选择适合自己口味的佳肴，又能搭建合理健康的饮食结构。

3. "各取所需"的饮食理念完善了健康饮食的结构

目前潮州菜推崇健康饮食的方式主要包括：原生态食品（绿色食品）、食疗养生、原汁原味、崇尚清淡等。但这些理念还是从宏观层次体现潮州菜健康饮食的特点，不能为消费者提供量身定做的菜肴信息。本书在传统饮食理念的基础上融入了医学和营养学的观点，将菜肴的主要信息直观化，使消费者能够从自身的情况出发，掌握好营养素和热量平衡，完善健康饮食结构。

《潮菜制作技术与营养分析》中体现的"各取所需"理念，符合全世界所倡导的"低碳生活"，同时又以新的视角对我们的健康饮食作出了诠释和注解。食客们在品尝美食的同时又不觉得烦腻，不会造成食物的浪费，并且适量摄入人体生命所必不可少的营养元素，能够保证新陈代谢的良性运行。当然，本书只是"潮州菜健康饮食"这一课题的开端，权为潮州菜健康饮食的发展抛砖引玉。本书作者推广"各取所需"的理念，引导餐饮企业、消费者及社会各界，进一步将潮州菜营养成分分析普遍化、数据权威化，将研究成果建成潮州菜营养成分查询网站，开发潮州菜营养搭配点餐软件，供广大消费者和餐饮企业使用，为推动潮州菜的发展和人们的健康饮食而努力。

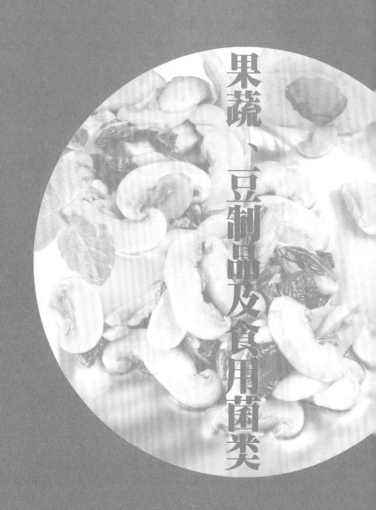

果蔬、豆制品及食用菌类

薄荷拌鲜菇

一、材料

主料：鲜口蘑菇 500 克。

辅料：鲜薄荷叶 25 克。

调料：日式芥末 5 克、生抽 15 克、鸡精 3 克、香麻油 10 克、热油 15 克。

二、制作方法

（1）去掉鲜口蘑菇根部较老的部分，竖着把鲜口蘑菇切成 5 毫米厚的片，放入沸水中焯水至熟，取出蘑菇用冰水漂凉并滤干水分备用。

（2）将薄荷叶洗净切成丝放到小碗中，调入日式芥末、生抽、鸡精、香麻油搅拌均匀，淋入 15 克热油调成酱汁备用。

（3）将滤干水分的蘑菇放入干净的汤盆中，倒入酱汁搅拌均匀腌制 10 分钟，取出蘑菇滤掉部分酱汁，装盘即可。

三、菜肴主要营养成分

薄荷拌鲜菇主要营养成分一览表

营养素名称	含量	营养素名称	含量
能量	1 347. 34 kcal	蛋白质	197. 17 g
脂肪	26. 63 g	碳水化合物	163. 2 g
饱和脂肪	0 g	钙	970. 66 mg
铁	99. 71 mg	锌	45. 85 mg
钠	967. 98 mg	钾	15 742. 66 mg
磷	8 308. 99 mg	胡萝卜素	328. 64 μg
维生素 A	54. 85 μgRE	维生素 C	1. 5 mg
维生素 E	50. 19 mgα – TE	膳食纤维	89. 29 g
胆固醇	0. 27 mg		

玉枕白菜

一、材料

主料：白菜叶 250 克、瘦猪肉 100 克、虾肉 100 克。

辅料：荸荠肉 25 克、水发香菇 50 克、熟笋尖 50 克、鲽脯末 10 克、鸡蛋液 50 克、清汤 100 克。

调料：味精 2 克、精盐 6 克、胡椒粉 1.5 克、生粉 50 克、花生油适量。

二、制作方法

（1）将白菜叶飞水并漂洗干净备用。

（2）将熟笋尖切成笋花备用，将30克水发香菇去蒂切成片备用。

（3）将猪肉、虾肉剁成蓉备用，将荸荠、香菇（20克）切成细丁，撒到剁好的肉蓉上面，加入鲽脯末、味精、精盐、胡椒粉、生粉水拌匀制成肉馅备用。

（4）将白菜叶摊开撒上干生粉（30克），把肉馅（20克）放在菜叶上面，包成4厘米长条形小枕包备用。

（5）洗净炒锅后倒入花生油，用中火加热，当油温升至150℃时将小枕包蘸上蛋液放到油锅中拉油①，捞起滤干备用。

（6）洗净炒锅倒入少量的花生油，用中小火加热，放入香菇、笋花煸香，加入拉过油的小枕包、清汤、盐、味精、胡椒粉，焖煮8分钟取出玉枕白菜、香菇、笋花整齐地砌在盘里，把原汤用生粉水勾芡②淋在玉枕白菜上即成。

三、菜肴主要营养成分

玉枕白菜主要营养成分一览表

营养素名称	含量	营养素名称	含量
能量	498.59 kcal	蛋白质	45.7 g
脂肪	22.3 g	碳水化合物	31.65 g
饱和脂肪	0.05 g	钙	648.1 mg
铁	14.33 mg	锌	6.56 mg
钠	7 269.72 mg	钾	1 190.06 mg
磷	924.65 mg	胡萝卜素	25.68 μg
维生素 A	30.9 μgRE	维生素 C	20.18 mg
维生素 E	2.2 mgα‑TE	膳食纤维	3.59 g
胆固醇	579.6 mg		

---

① 拉油又称走油，是烹调技法炸的俗称，是将原料初加工后放到高温略炸的一种熟处理方法。

② 勾芡是指把湿生粉调入菜肴或汤汁中令其受热糊化，使菜肴均匀裹上一层柔滑光亮黏稠的糊状物。

厚菇芥菜

一、材料

主料：大芥菜心 450 克、浸发厚香菇 100 克。

辅料：熟瘦火腿 10 克、五花肉 500 克、猪骨 500 克、清汤 800 克。

调料：精盐 6 克、味精 3 克、胡椒粉 1 克、香麻油 2 克、绍酒 5 克、
湿生粉 10 克、食用纯碱 3 克、熟鸡油 20 克、花生油适量。

二、制作方法

（1）将芥菜心洗净切成两半备用，猪肉切成 5 块、火腿切成 5 片、猪骨

砍成 5 段备用。

（2）洗净炒锅加入清水 1 500 克，用旺火烧开加入纯碱，放入芥菜焯水①约半分钟取出，用清水反复漂洗去掉碱味备用。

（3）炒锅洗净用中火加热，倒入花生油，当油温约 150℃ 时，放入芥菜心过油约 20 秒，捞起滤去油，倒入用竹箅片垫底的砂锅里备用。

（4）炒锅洗净用中火加热，倒入鸡油，放入香菇煸香，加清汤 50 克、少量精盐约煮 2 分钟盛出备用。

（5）将炒锅洗净放回炉上，用旺火加热，放入猪肉、猪骨、火腿炒香，加入清汤、调入绍酒、精盐，煮开后撇掉泡沫，倒入砂锅中，将砂锅盖上锅盖用中火焖约 40 分钟，捡去猪肉块、猪骨，再加入香菇继续焖 10 分钟，关火滤出原汤备用。

（6）炒锅洗净用中火加热，倒入原汤，调入味精、胡椒粉、香麻油，用湿生粉调稀薄芡②，淋在芥菜心上面即成。

三、菜肴主要营养成分

厚菇芥菜主要营养成分一览表

营养素名称	含量	营养素名称	含量
能量	307. 92 kcal	蛋白质	12. 21 g
脂肪	22. 8 g	碳水化合物	27. 28 g
饱和脂肪	0 g	钙	98. 42 mg
铁	3. 18 mg	锌	1. 25 mg
钠	2 405. 86 mg	钾	1 288. 32 mg
磷	150. 8 mg	胡萝卜素	1 120. 6 μg
维生素 A	192. 7 μgRE	维生素 C	28 mg
维生素 E	5. 25 mgα – TE	膳食纤维	13. 32 g
胆固醇	11. 92 mg		

---

① 焯是烹调技法中的一种，是指用猛火保持水沸腾加热原料，使原料在短时间至熟的方法。原料焯水时水量应充足，一般是原料的 3~4 倍，焯植物时水中应加入少量的盐和油，保证原料焯水后的色泽和光亮度。

② 薄芡属于芡状中的一种形态，是指一层糊化的生粉薄薄地裹在原料上。

西芹炒百合

一、材料

主料：西芹 500 克、鲜百合 250 克。

调料：精盐 5 克、味精 2 克、香麻油 2 克、湿生粉 5 克、花生油少量。

二、制作方法

（1）将西芹洗净去膜，用斜刀切成薄片，放入沸水中飞水至八成熟，捞起滤干备用，鲜百合去头、瓣散，放入沸水中飞水至八成熟，捞起滤干备用。

（2）炒锅洗净倒入少量油，用大火加热，倒入西芹和百合爆炒30秒，关小火力调入精盐、味精、香麻油炒匀，用湿生粉勾紧芡①，加入10克包尾油②炒匀，起锅装盘即可。

三、菜肴主要营养成分

西芹炒百合主要营养成分一览表

营养素名称	含量	营养素名称	含量
能量	432.9 kcal	蛋白质	10.13 g
脂肪	2.86 g	碳水化合物	93.67 g
饱和脂肪	0 g	钙	193.37 mg
铁	7.81 mg	锌	1.88 mg
钠	2 506.08 mg	钾	1 011.56 mg
磷	121.71 mg	胡萝卜素	680 μg
维生素 A	228 μgRE	维生素 C	68 mg
维生素 E	10.56 mgα – TE	膳食纤维	9.38 g
胆固醇	0 mg		

---

① 紧芡属于芡状中的一种形态，是指菜肴勾芡后锅底或盘底无汤汁，糊化的生粉紧紧地裹在原料的表面。

② 包尾油是指菜肴出锅前加入的少量油（约10克），可增加菜肴的亮度。

八宝素菜

一、材料

主料：白菜心 350 克、熟笋尖 100 克、莲子 50 克、腐竹 50 克、面筋 50 克、香菇 50 克、发菜 10 克、草菇 50 克。

辅料：清汤 400 克、五花肉 250 克。

调料：精盐 5 克、南乳汁 8 克、味精 2 克、香麻油 2 克、湿生粉 10 克、花生油适量。

二、制作方法

（1）将白菜心洗净切段，笋切成笋片备用，把草菇、莲子、香菇、发菜用清水涨发，洗净备用。

（2）把白菜、笋尖、腐竹、面筋分别放进油锅中，用低温油走油，滤干备用。

（3）炒锅洗净倒入清汤、调入味料，分别加入8种主料和五花肉（切成片），用慢火焖煮约20分钟取出（先旺火后慢火），逐样砌进碗里（同种原料堆砌一起，发菜放中间），再整碗上蒸笼旺火蒸25分钟，取出八宝素菜，滤出原汤，再整碗八宝素菜完好地倒扣在盘上备用。

（4）炒锅洗净用小火加热，倒入原汤，加入盐、味精、香麻油调味，用湿生粉勾薄芡淋在八宝素菜上即成。

三、菜肴主要营养成分

八宝素菜主要营养成分一览表

营养素名称	含量	营养素名称	含量
能量	575. 06 kcal	蛋白质	56. 03 g
脂肪	13. 24 g	碳水化合物	81. 95 g
饱和脂肪	0. 17 g	钙	412. 57 mg
铁	29. 29 mg	锌	8. 68 mg
钠	1 565. 99 mg	钾	1 011. 76 mg
磷	444. 18 mg	胡萝卜素	1 451. 53 μg
维生素 A	239. 97 μgRE	维生素 C	69. 18 mg
维生素 E	15. 51 mgα – TE	膳食纤维	24. 38 g
胆固醇	0 mg		

橄榄菜炒豇豆

一、材料

主料：长豇豆 350 克、墨鱼胶 200 克。

辅料：橄榄菜 20 克、鸡蛋清 20 克。

调料：盐 3 克、味精 2 克、胡椒粉 1 克、香麻油 1 克、湿生粉 10 克、

　　　花生油适量。

二、制作方法

（1）把豇豆放进锅中飞水（可放入适量的食用碱）至八成熟，捞出快速放到冷水中浸泡降温，确保豇豆翠绿有光泽，捞起豇豆切成 8 厘米长的段，把切好的豇豆段系成简单的结备用（结不能系死，要留有一定的空间来酿墨鱼胶）。

（2）把墨鱼胶加入蛋清、盐、味精、胡椒粉，搅拌和甩打，上劲后酿到豇豆结中备用。

（3）洗净炒锅倒入适量的油，用中火加热，当油温升到三成热时，把酿好的豇豆倒入油中氽熟，捞起备用。

（4）炒锅洗净倒入少量的油，用中火加热，放入橄榄菜炒香，倒入豇豆炒匀，加入盐、味精、胡椒粉、香麻油调味，用湿生粉勾芡炒匀，出锅装盘即可。

三、菜肴主要营养成分

橄榄菜炒豇豆主要营养成分一览表

营养素名称	含量	营养素名称	含量
能量	426.65 kcal	蛋白质	39.31 g
脂肪	11.29 g	碳水化合物	49.81 g
饱和脂肪	0 g	钙	212.1 mg
铁	6.14 mg	锌	5.38 mg
钠	3 025.11 mg	钾	1 094.44 mg
磷	423.99 mg	胡萝卜素	442.95 μg
维生素 A	82.95 μgRE	维生素 C	64.5 mg
维生素 E	4.03 mgα – TE	膳食纤维	7.26 g
胆固醇	552 mg		

太极护国菜

一、材料

主料：番薯嫩叶（也可用菠菜叶、苋菜叶、通菜叶代替）350 克、
　　　鸡胸肉 100 克。

辅料：草菇 50 克、熟瘦火腿 10 克、湿生粉 35 克、上汤 600 克。

调料：精盐 5 克、味精 2 克、熟鸡油 10 克、花生油少量。

二、制作方法

（1）番薯嫩叶去掉叶梗洗净，放入沸水中焯水至熟捞起，放入清水冲洗干净，再将番薯嫩叶剁成细丁备用。将草菇洗净剁成细丁备用，火腿切成末备用，鸡胸肉剁成蓉备用。

（2）洗净炒锅加入少量的花生油，用中小火烧热炒锅，放入草菇丁略炒，加入上汤150克，焖煮5分钟盛起备用。

（3）洗净炒锅加入少量的花生油，用中小火烧热炒锅，放入番薯叶略炒，加入煮好的草菇汤、上汤250克、精盐、味精煮开30秒，用湿生粉水推芡①调成羹状，调入7克鸡油搅拌均匀盛起备用。

（4）鸡胸肉蓉加入200克上汤调匀，倒入炒锅中，用小火煮沸1分钟后，加入精盐、味精，用湿生粉水推芡调成羹状，调入鸡油3克搅拌均匀盛起和番薯嫩叶羹用勺淋出太极的形状，撒上火腿末即成。

三、菜肴主要营养成分

太极护国菜主要营养成分一览表

营养素名称	含量	营养素名称	含量
能量	422. 21 kcal	蛋白质	30. 54 g
脂肪	16. 69 g	碳水化合物	43. 64 g
饱和脂肪	0 g	钙	235. 97 mg
铁	14. 85 mg	锌	3. 82 mg
钠	3 012 mg	钾	1 400. 89 mg
磷	397. 08 mg	胡萝卜素	8 952 μg
维生素 A	1 476. 17 μgRE	维生素 C	96 mg
维生素 E	10. 72 mgα – TE	膳食纤维	6. 14 g
胆固醇	90. 94 mg		

---

① 推芡又叫烩芡，是勾芡的一种手法，一只手拿手勺在汤水中旋搅，另一只手将生粉水慢慢地加入锅中，直至芡粉分布均匀，受热糊化、稠稀度合适为止。

绣球白菜

一、材料

主料：大白菜 1 棵（约 1 100 克）、鸡肉 200 克。

辅料：瘦猪肉 200 克、熟火腿 20 克、鸡肫 100 克、浸发好的莲子 50

克、水发香菇 50 克、香芹茎 50 克。

调料：胡椒粉 0.5 克、味精 2 克、湿生粉 30 克、精盐 7 克、清汤

500 克、花生油适量。

二、制作方法

（1）将鸡肉、鸡肫、香菇、莲子、火腿切成细丁，放进炒锅炒香，加入调料炒匀制成馅料盛起备用。

（2）将白菜洗净放到锅中飞水，捞起用清水漂洗干净，将整棵白菜放在砧板上把白菜叶逐瓣掰开，切去菜心，装上馅料，然后将各瓣菜叶围拢包紧馅料，用芹菜茎扎紧绣球白菜（不能让馅料漏出），蘸上湿生粉，放进五成热的油锅中拉油，捞起备用。

（3）在砂锅里放上竹篾片，再放入绣球白菜，加入清汤，上盖瘦猪肉（瘦肉先切成薄片）先以旺火煮开后转小火炖一小时，取出绣球白菜装盘，将砂锅中的原汤滤出倒入炒锅中，加入精盐、味精、胡椒粉调味，用湿生粉勾玻璃芡①淋在绣球白菜上面即成。

三、菜肴主要营养成分

绣球白菜主要营养成分一览表

营养素名称	含量	营养素名称	含量
能量	797. 55 kcal	蛋白质	81. 23 g
脂肪	23. 8 g	碳水化合物	72. 74 g
饱和脂肪	0. 05 g	钙	776. 8 mg
铁	20. 7 mg	锌	6. 91 mg
钠	4 021. 92 mg	钾	2 409. 29 mg
磷	606. 24 mg	胡萝卜素	2 691. 55 μg
维生素 A	521 μgRE	维生素 C	472. 75 mg
维生素 E	20. 03 mgα – TE	膳食纤维	7. 56 g
胆固醇	351. 56 mg		

---

① 玻璃芡是指芡在菜品中透明且呈薄宽状。

三丝腐皮卷

一、材料

主料：鸡胸肉 200 克、腐皮 2 张（约 150 克）。

配料：竹笋肉 100 克、水发香菇 50 克、胡萝卜 100 克、鸡蛋 1 个（约 50 克）、面粉 150 克、生粉 50 克、鲽脯末 15 克（炸过油碾碎）。

调料：鱼露 6 克、味精 2 克、胡椒粉 1 克、花生油适量。

二、制作方法

（1）将竹笋冷水下锅加少量盐，用大火煮 10 分钟转小火煮 10 分钟，捞出竹笋放入冷水中浸泡去掉苦味备用。

（2）鸡胸肉切丝，加适量生粉水腌制备用，将香菇、胡萝卜、竹笋切成丝备用。

（3）炒锅洗净下少量油，用中火加热，下香菇爆香，下鸡丝稍翻炒后下胡萝卜丝、笋丝炒匀，加入胡椒粉、味精、鱼露调味，用湿生粉（8 克）勾芡，盛出滤干摊凉备用。

（4）摊开腐皮，放入炒好的三丝卷包成长卷形（包紧），收口处撒上生粉（12 克），再切分成 4 厘米的长小段备用。

（5）生粉 30 克、面粉 150 克（按 1∶5 的比例）加入适量的水搅拌均匀，再加入鸡蛋液和 5 克花生油搅拌均匀，调成全蛋糊备用。

（6）炒锅洗净倒入适量的油，用中火加热，当油温升到四成热时调小火，将切好的腐皮卷逐个蘸全蛋糊下锅，炸至表皮颜色稍黄，捞出腐皮卷。调大火力，当油温升至六成热时，将腐皮卷下锅复炸，至表皮颜色呈金黄色，捞起滤干装盘即可。

三、菜肴主要营养成分

三丝腐皮卷主要营养成分一览表

营养素名称	含量	营养素名称	含量
能量	1 683.26 kcal	蛋白质	139.49 g
脂肪	44.88 g	碳水化合物	188.95 g
饱和脂肪	0.08 g	钙	290.72 mg
铁	28.24 mg	锌	8.64 mg
钠	948.15 mg	钾	1 940.28 mg
磷	1 288.78 mg	胡萝卜素	4 010 μg
维生素 A	705.8 μgRE	维生素 C	22 mg
维生素 E	34.59 mgα – TE	膳食纤维	8.92 g
胆固醇	456.6 mg		

牡丹白菜

一、材料

主料：大白菜梗 500 克、虾仁 300 克。

辅料：白膘肉 50 克、鲜马蹄 30 克、鲽脯末 6 克、鸡蛋清 25 克、冬瓜皮 100 克、红椒 10 克。

调料：精盐 6 克、味精 3 克、胡椒粉 1 克、香麻油 1 克、生粉 20 克。

二、制作方法

（1）将马蹄肉拍碎挤掉汁备用，白臁肉切成末备用，红椒切成末备用。

（2）将冬瓜皮洗净，雕成 5 瓣牡丹花的叶子备用。

（3）虾仁拍成虾蓉，加入马蹄末、白臁肉末、鲽脯末拌匀，加入精盐、味精、胡椒粉、鸡蛋清搅匀，再甩打成虾胶馅备用。

（4）白菜梗焯水至软，切成 4 厘米长、5 厘米宽的薄片，每一片逐一抹上 15 克虾胶，包成圆锥体造型（收口粘上少量的生粉），点上少量红椒末备用。

（5）把卷好的圆锥体白菜卷开口向上，一层层垒成一朵牡丹花造型，配上雕好的叶子上蒸炉蒸 6 分钟，取出牡丹白菜卷，滤出原汁①备用。

（6）炒锅洗净倒入原汁，用小火加热，下盐、味精、胡椒粉、香麻油搅匀，用湿生粉（8 克）勾薄芡淋在牡丹白菜上即可。

三、菜肴主要营养成分

牡丹白菜主要营养成分一览表

营养素名称	含量	营养素名称	含量
能量	1 107.56 kcal	蛋白质	72.88 g
脂肪	74.39 g	碳水化合物	45.02 g
饱和脂肪	0.11 g	钙	2 169.86 mg
铁	48.17 mg	锌	16.14 mg
钠	17 361.55 mg	钾	2 867.63 mg
磷	2 315.63 mg	胡萝卜素	4 805.1 μg
维生素 A	943.39 μgRE	维生素 C	220.25 mg
维生素 E	7.95 mgα - TE	膳食纤维	9.08 g
胆固醇	1 752.77 mg		

---

① 原汁是指菜肴在蒸的过程中产生的汤汁或在熬炖的过程中剩下的汤汁。潮菜烹调注重原汁原味，常用原汁勾芡。

百花酿竹笋

一、材料

主料：干竹笋 12 条（约 50 克）、鲜虾仁 350 克。

辅料：白膘肉 20 克、荸荠 25 克、鸡蛋清 20 克、玉白菜 400 克。

调料：盐 6 克、味精 2 克、胡椒粉 1 克、香麻油 2 克、料酒 5 克、湿

生粉 10 克。

二、制作方法

（1）将干竹笋用清水泡发，去掉尾部，切成 8 厘米长的竹笋段，放入沸水中焯水，取出用冷水漂凉并挤干水分备用。

（2）玉白菜洗净，改成菜胆备用，白膘肉切成丁备用，荸荠切成细丁并挤掉水分备用。

（3）将虾仁洗净，滤干水分，拍成虾泥，加入白肉丁、荸荠丁、鸡蛋清搅拌均匀，调入适量的盐、味精拍打成虾胶，装入裱花袋中备用。

（4）用裱花袋将虾胶逐一挤进竹笋里，再把竹笋放入盘中，上蒸炉大火蒸 5 分钟，取出竹笋，倒出原汁备用。

（5）将玉白菜放到带有少量油、盐的沸水中飞水，捞起菜胆放入冰水中激凉，捞起菜胆滤干和竹笋间隔摆在盘中，炒锅洗净倒入原汁，用小火加热，调入盐、味精、胡椒粉、香麻油搅匀，用湿生粉勾薄芡淋在竹笋表面即可。

三、菜肴主要营养成分

百花酿竹笋主要营养成分一览表

营养素名称	含量	营养素名称	含量
能量	953.83 kcal	蛋白质	70.2 g
脂肪	64.26 g	碳水化合物	52.48 g
饱和脂肪	0.09 g	钙	2 035.34 mg
铁	46.56 mg	锌	13.39 mg
钠	15 295.9 mg	钾	2 623.03 mg
磷	2 230.27 mg	胡萝卜素	5 558.85 μg
维生素 A	995.22 μgRE	维生素 C	192 mg
维生素 E	7 mgα – TE	膳食纤维	6.45 g
胆固醇	1 595.61 mg		

炒杏鲍菇

一、材料

主料：杏鲍菇 300 克。

辅料：青彩椒 100 克、黄彩椒 100 克、红彩椒 100 克。

调料：精盐 3 克、味精 2 克、咸鲜露 3 克、湿生粉 5 克、花生油
适量。

二、制作方法

（1）将杏鲍菇、彩椒洗净，切成粗丝（6 厘米 × 0.5 厘米 × 0.5 厘米）备用。

（2）炒锅洗净倒入适量的花生油，用大火加热，当油温升至四成热时，放入彩椒拉油至八成熟，捞起彩椒滤干油备用。继续加热提高油温，当油温升至六成热时，放入杏鲍菇拉油，捞起滤干备用。

（3）将锅中的油倒出，只留少量在锅中，用大火加热，放入杏鲍菇、彩椒爆炒，调入盐、味精、洒入咸鲜露继续翻炒至能闻到明显的锅气①时，用湿生粉勾紧芡，下包尾油炒匀，起锅装盘即可。

三、菜肴主要营养成分

炒杏鲍菇主要营养成分一览表

营养素名称	含量	营养素名称	含量
能量	505.42 kcal	蛋白质	7.31 g
脂肪	0.92 g	碳水化合物	48.53 g
饱和脂肪	0.09 g	钙	71.97 mg
铁	1.68 mg	锌	1.13 mg
钠	1 787.97 mg	钾	728.82 mg
磷	201.83 mg	胡萝卜素	1 020 μg
维生素 A	171 μgRE	维生素 C	216 mg
维生素 E	5.04 mgα - TE	膳食纤维	7.5 g
胆固醇	0 mg		

---

① 锅气是指菜肴在炒的过程中散发出来的香气。

玻璃白菜

一、材料

主料：大白菜 800 克。

辅料：干草菇 25 克、火腿末 10 克、五花肉 250 克、上汤 400 克。

调料：味精 2 克、精盐 6 克、香麻油 2 克、湿生粉 10 克、花生油

少量。

二、制作方法

（1）将白菜洗净晾干，取茎部切成 6 厘米长的段备用，草菇用清水泡发备用，五花肉切成片备用。

（2）将切好的白菜放到热油锅中拉油备用，然后将炒锅洗净，把白菜放进锅里并加入草菇、上汤、五花肉，调入精盐、味精，先用旺火烧开后转慢火焖炖 30 分钟，取出。将白菜茎整齐地叠在碗中，盖上五花肉，倒入焖炖时剩下的汤汁，再整碗放进蒸笼中蒸 20 分钟，取出，滤出原汁，将白菜整齐地倒扣在盘上备用。

（3）炒锅洗净用小火加热，倒入原汁，加入盐、味精、香麻油调味，用湿生粉勾薄芡淋在白菜上面，再撒上火腿末即可。

三、菜肴主要营养成分

玻璃白菜主要营养成分一览表

营养素名称	含量	营养素名称	含量
能量	169.07 kcal	蛋白质	15.4 g
脂肪	2.52 g	碳水化合物	29.53 g
饱和脂肪	0 g	钙	488.4 mg
铁	14.54 mg	锌	4.34 mg
钠	2 277.43 mg	钾	1 227.71 mg
磷	274 mg	胡萝卜素	4 805.1 μg
维生素 A	794.9 μgRE	维生素 C	220.25 mg
维生素 E	5.2 mgα - TE	膳食纤维	8.4 g
胆固醇	0 mg		

冰镇芥蓝

一、材料

主料：潮州芥蓝梗 500 克。

辅料：红椒 10 克、姜 10 克。

调料：鱼露 6 克、香麻油 10 克、陈醋 3 克、白糖 5 克。

二、制作方法

（1）将芥蓝梗去皮，用波浪形的工具刀切成粗丝备用，红椒、姜洗净切成细丝备用。

（2）将红椒丝、姜丝放入小碗中，加入鱼露、香麻油、陈醋、白糖拌匀调成酱汁备用。

（3）将切好的芥蓝丝倒入沸水中焯水（一般蔬菜等原料焯水时，锅中水的量要大且要放入少量的油，火力要猛，在焯水后才能保持原料本身的颜色），捞起后倒入冰水中激凉，捞起芥蓝滤干，倒入干净盛器中，加入调好的酱汁拌匀，用保鲜纸密封，放到冰箱冷藏室中冰镇30分钟，取出装盘即可。

三、菜肴主要营养成分

冰镇芥蓝主要营养成分一览表

营养素名称	含量	营养素名称	含量
能量	264.05 kcal	蛋白质	12.28 g
脂肪	16.66 g	碳水化合物	22.75 g
饱和脂肪	0 g	钙	525.56 mg
铁	9.12 mg	锌	5.47 mg
钠	708.24 mg	钾	467.91 mg
磷	208.18 mg	胡萝卜素	13 800 μg
维生素 A	2 300 μgRE	维生素 C	304.21 mg
维生素 E	14.16 mgα – TE	膳食纤维	6.65 g
胆固醇	0 mg		

布袋豆腐

一、材料

主料：日本豆腐 6 条、鸡胸肉 250 克。

辅料：水发香菇 50 克、韭黄 50 克、胡萝卜 25 克、芹菜 40 克。

调料：盐 6 克、味精 2 克、胡椒粉 2 克、香麻油 2 克、湿生粉 10 克、
花生油适量。

二、制作方法

（1）将日本豆腐对半切开备用，把鸡胸肉、水发香菇、韭黄、胡萝卜洗净后分别切细丁备用，芹菜焯水后撕细条备用。

（2）炒锅洗净，锅中倒入 1 500 毫升的油，用大火加热，当油温升至六成热时放入豆腐炸至表面金黄定型，捞出滤干油备用（操作时豆腐要定型后才能用勺子去搅动，确保豆腐形状美观）。

（3）鸡胸肉过油至六成熟滤出，锅中留少量的油，放入香菇煸香，下胡萝卜丁、鸡肉丁、韭黄丁翻炒熟，下盐、味精、胡椒粉、香麻油、湿生粉翻炒均匀当馅料备用。

（4）将炸好的日本豆腐用 U 形刀挖去中间部分（深度 4/5），把炒好的鸡肉馅酿入日本豆腐中（深度 3/5），用芹菜丝整齐绑成布袋形状，入蒸炉旺火蒸 5 分钟后取出豆腐，滤出原汁，装盘备用。

（5）炒锅洗净倒入原汁，用小火加热，调入盐、味精、胡椒粉、香麻油，用湿生粉勾薄芡淋在布袋豆腐上即可。

三、菜肴主要营养成分

布袋豆腐主要营养成分一览表

营养素名称	含量	营养素名称	含量
能量	376. 37 kcal	蛋白质	44. 65 g
脂肪	12. 69 g	碳水化合物	23. 31 g
饱和脂肪	0 g	钙	83. 33 mg
铁	7. 12 mg	锌	3. 12 mg
钠	2 231. 09 mg	钾	871. 64 mg
磷	512. 57 mg	胡萝卜素	1 153.6 µg
维生素 A	668. 1 µgRE	维生素 C	7. 6 mg
维生素 E	9. 14 mgα – TE	膳食纤维	3. 88 g
胆固醇	123. 08 mg		

满地黄金

一、材料

主料：红心番薯 1 000 克（实际使用 600 克）。

辅料：鲜橙皮 10 克、清水 250 克。

调料：白糖 500 克（实际使用 150 克）、麦芽糖 50 克（实际使用 20 克）。

二、制作方法

（1）先将番薯洗净、刨皮，刨至见红的薯心为止，把刨好的番薯放入清水中浸洗，再将番薯切取 12 块（6 厘米×4 厘米×3 厘米），然后用小刀将块状的番薯雕成元宝形状，把已雕好的元宝番薯放入清水中浸洗泡片刻，捞起滤干水分备用。

（2）取不锈钢小锅一个，倒进清水、白糖、麦芽糖，用慢火熬至糖水沸腾后继续熬，随着糖浆的温度不断提高，浓度不断变大，用筷子挑起糖浆可以看出有坠丝时，把雕切成型的番薯和鲜橙皮放进糖浆内继续加热。

（3）当加入番薯后糖浆的温度下降，水分增多，糖浆浓度变低时，需用猛火熬 3 分钟，番薯受糖浆的热度所迫，本身的水分渗出，形成水蒸气。每个番薯的表面逐步形成带有胶黏度的硬糖表皮后，便转为慢火熬 7 分钟，经过慢火熬煮，番薯逐步受热完全熟透后，便可逐件捞起盛摆在餐盘上即成。

三、菜肴主要营养成分

满地黄金主要营养成分一览表

营养素名称	含量	营养素名称	含量
能量	944.2 kcal	蛋白质	5.04 g
脂肪	0.64 g	碳水化合物	233.75 g
饱和脂肪	0 g	钙	134 mg
铁	3.7 mg	锌	1.19 mg
钠	27.6 mg	钾	560 mg
磷	129.5 mg	胡萝卜素	0 μg
维生素 A	0 μgRE	维生素 C	67.5 mg
维生素 E	4.25 mgα－TE	膳食纤维	4.5 g
胆固醇	0 mg		

来不及

一、材料

主料：香蕉 500 克、橘饼 80 克、糖冬瓜片 80 克。

辅料：鸡蛋 1 个（约 40 克）、白芝麻 15 克、面粉 200 克、生粉 25 克。

调料：白糖 100 克、糖粉 50 克、泡打粉 3 克、花生油适量。

二、制作方法

（1）将橘饼、糖冬瓜片分别切成 4 厘米长的粗条备用。

（2）将香蕉去皮并去掉头尾，切成 4 厘米长的香蕉段，挖去蕉心的肉，再塞进橘饼、糖冬瓜片各 1 条备用。

（3）将面粉、生粉、泡打粉加水 50 克拌匀，再加入鸡蛋液拌匀，加入 15 克花生油拌匀，调成脆炸糊备用。

（4）烧热炒锅，倒入花生油，待油温升至约 120℃～150℃时，把香蕉段放进脆炸糊内挂糊，逐个下油锅，炸至香蕉段浮出油面并呈金黄色时，捞起滤干油装盘。

（4）把白糖和水以 4∶1 的比例下锅慢火熬成糖浆（要求用筷子蘸起糖浆在下落的过程中能形成坠丝）淋在炸好的香蕉上面，再均匀地撒上白糖和白芝麻即成。

三、菜肴主要营养成分

来不及主要营养成分一览表

营养素名称	含量	营养素名称	含量
能量	2 075.75 kcal	蛋白质	15.5 g
脂肪	10.48 g	碳水化合物	499.82 g
饱和脂肪	0.5 g	钙	286.57 mg
铁	7.35 mg	锌	4.17 mg
钠	559.69 mg	钾	1 744.6 mg
磷	305.26 mg	胡萝卜素	208 μg
维生素 A	188.95 μgRE	维生素 C	0 mg
维生素 E	4.44 mgα－TE	膳食纤维	20.48 g
胆固醇	292.5 mg		

清甜山药泥

一、材料

主料：山药 600 克。

调料：白糖粉 50 克、蓝莓炼乳 100 克、草莓果酱 20 克。

二、制作方法

（1）将山药去皮洗净，切成薄片（在去皮和切片的过程中动作要快，切好的薄片要放入盐水中浸泡，防止坏血酸氧化使山药变成褐色），放入蒸笼蒸熟取出，用刀压成山药泥（山药压得越粉越好）备用。

（2）将山药泥倒入容器中，加入白糖粉拌匀，继续放到蒸笼中蒸至白糖完全溶化，取出放凉备用。

（3）山药泥加入蓝莓炼乳搅拌均匀，用裱花袋挤成一定的形状，淋上少量的草莓果酱装盘即可。

三、菜肴主要营养成分

清甜山药泥主要营养成分一览表

营养素名称	含量	营养素名称	含量
能量	809.37 kcal	蛋白质	16.77 g
脂肪	8.33 g	碳水化合物	172.85 g
饱和脂肪	4.36 g	钙	288.65 mg
铁	1.52 mg	锌	1.14 mg
钠	265.88 mg	钾	1 078.9 mg
磷	178.6 mg	胡萝卜素	100.5 μg
维生素 A	16 μgRE	维生素 C	27.7 mg
维生素 E	1.4 mgα – TE	膳食纤维	5.04 g
胆固醇	28.8 mg		

返沙香芋

一、材料

主料：芋头 800 克。

辅料：白糖 200 克、葱花珠（葱切成小粒）15 克。

调料：白醋 1 克、花生油适量。

二、制作方法

（1）将芋头去皮洗净，切成长 6 厘米、横截面为 2 厘米×2 厘米的条状备用。

（2）炒锅洗净倒入花生油，用大火加热，当油温升至约 150℃时放入芋头，炸至浅黄色并熟透时（用手勺轻轻将芋头抛起有清脆声即可）捞起滤干油备用。

（3）炒锅洗净，放入 50 克清水，用小火加热，倒入白糖边搅拌边加热使白糖逐渐溶解形成糖浆。当糖浆滚至出现大白气泡转小气泡时，加入葱花珠、白醋拌匀，倒入炸好的芋头，把锅端离火炉，用锅铲快速翻炒芋头，使糖浆迅速降温出现过饱和状态而沉淀出粉状的白糖，当芋头均匀挂上白色的糖粉时出锅装盘即可。

三、菜肴主要营养成分

返沙香芋主要营养成分一览表

营养素名称	含量	营养素名称	含量
能量	1 255. 65 kcal	蛋白质	3. 36 g
脂肪	0. 71 g	碳水化合物	308. 23 g
饱和脂肪	0. 12 g	钙	139. 03 mg
铁	0. 82 mg	锌	0. 11 mg
钠	94. 22 mg	钾	26. 57 mg
磷	11. 89 mg	胡萝卜素	125. 84 μg
维生素 A	20. 97 μgRE	维生素 C	3 mg
维生素 E	0. 07 mgα－TE	膳食纤维	30. 81 g
胆固醇	0 mg		

白果芋泥

一、材料

主料：芋头 800 克、水浸白果 300 克。

辅料：白肉丁 25 克、橙皮 10 克。

调料：白糖 450 克、猪油 200 克。

二、制作方法

（1）芋头去皮洗净（去皮时要去深一些，去掉表皮白色的肉，否则芋泥中易含小颗粒），切成薄片，放到蒸笼中蒸熟，取出，压成粉状备用（芋头要反复压制，确保没有芋头粒）。

（2）炒锅洗净加入少量猪油，用小火加热，倒入压好的芋头，加入白糖200克、清水20克，小火炒制，加入猪油继续炒至白糖完全溶化、芋泥呈糊状，盛入碟中备用。

（3）白果洗净倒入小锅中，加入白糖腌制60分钟，加入少量清水，用小火煮开，加入白肉丁、橙皮再用慢火煮10分钟，捞起白果倒在芋泥上面，摆成一定的形状即可。

三、菜肴主要营养成分

白果芋泥主要营养成分一览表

营养素名称	含量	营养素名称	含量
能量	4 396.84 kcal	蛋白质	51.03 g
脂肪	227.98 g	碳水化合物	553.16 g
饱和脂肪	0 g	钙	298.35 mg
铁	8.93 mg	锌	1.76 mg
钠	264.8 mg	钾	2 594.95 mg
磷	540.11 mg	胡萝卜素	1 280 μg
维生素 A	216 μgRE	维生素 C	48 mg
维生素 E	59.88 mgα – TE	膳食纤维	8 g
胆固醇	213.26 mg		

麦香淮山

一、材料

主料：铁棍淮山 600 克。

辅料：即食燕麦片 150 克。

调料：麦芽糖 50 克、白糖 100 克、花生油适量。

二、制作方法

（1）将铁棍淮山去皮，切为 6 厘米长的粗条浸泡在水中（确保淮山不被氧化而变色）备用，用小火把燕麦片炒热、炒香备用。

（2）炒锅洗净加入适量的油，用大火加热，当油温烧至五成热时，倒入滤干水分的淮山条炸至熟透，捞起淮山滤干油备用。

（3）锅洗净，倒入适量的开水、白糖、麦芽糖，用小火煮至糖浆起均匀的小泡（糖浆的温度大约 140℃），倒入炸好的淮山，使其裹上一层糖浆，再迅速将淮山粘上炒香后的燕麦片即可。

三、菜肴主要营养成分

麦香淮山主要营养成分一览表

营养素名称	含量	营养素名称	含量
能量	1 426.01 kcal	蛋白质	34.5 g
脂肪	11.4 g	碳水化合物	302.8 g
饱和脂肪	1.82 g	钙	169.8 mg
铁	1.2 mg	锌	1.07 mg
钠	97.53 mg	钾	1 069.5 mg
磷	178.5 mg	胡萝卜素	100.5 μg
维生素 A	16 μgRE	维生素 C	27.5 mg
维生素 E	1.3 mgα – TE	膳食纤维	20.25 g
胆固醇	0 mg		

火龙果炒虾球

一、材料

主料：大虾仁 300 克、火龙果 1 个（约 500 克）。

辅料：青瓜 100 克、胡萝卜 80 克、姜 5 克、葱 5 克。

调料：精盐 6 克、味精 2 克、胡椒粉 1 克、香麻油 2 克、料酒 3 克、

湿生粉 10 克、花生油适量。

二、制作方法

（1）火龙果对半切开，用挖球器（中号挖球器）将火龙果肉挖成小球形备用（火龙果的壳留作盛菜容器），将青瓜、胡萝卜分别用挖球器挖成小球备用。

（2）虾仁在背部从尾到头开一刀，深度约 4/5，剔掉虾肠，洗净滤干，用姜汁、葱汁、料酒、盐、味精、胡椒粉、湿生粉腌制 10 分钟备用。

（3）将挖出的青瓜球、胡萝卜球焯水至八成熟，捞起，激冰水（放入冰水中快速降温，以保持青瓜的翠绿色和胡萝卜的鲜红色），捞起滤干备用。

（4）炒锅洗净，用大火加热，倒入少量的油润锅（防止肉料拉油时粘锅），再加适量的油，当油温升至五成热时倒入虾仁拉油，捞起滤干油备用。

（5）将锅中的油倒起留少量的油，用大火加热，倒入青瓜球、胡萝卜球、虾仁爆炒，加入火龙果肉、味精、精盐、胡椒粉、香麻油，调大火力爆炒至火龙果变温热，用湿生粉勾薄芡，出锅装盘即可。

三、菜肴主要营养成分

火龙果炒虾球主要营养成分一览表

营养素名称	含量	营养素名称	含量
能量	852.28 kcal	蛋白质	61.22 g
脂肪	47.4 g	碳水化合物	59.74 g
饱和脂肪	0.03 g	钙	1 731.85 mg
铁	36.13 mg	锌	12.84 mg
钠	17 312.66 mg	钾	1 829.79 mg
磷	2 138.17 mg	胡萝卜素	3 250.31 μg
维生素 A	628.55 μgRE	维生素 C	17.47 mg
维生素 E	7.68 mgα – TE	膳食纤维	9.82 g
胆固醇	1 573.8 mg		

家禽、家畜及蛋制品类

富贵石榴球

一、材料

主料: 鸡胸肉 200 克、鸡蛋液 250 克。

辅料: 虾肉 50 克、火腿 20 克、笋肉 80 克、冬菇 50 克（水发后）、芹菜 50 克、上汤 50 克、湿生粉 20 克。

调料: 精盐 6 克、味精 2 克、胡椒粉 1 克、香麻油 2 克、花生油少量。

二、制作方法

（1）将鸡胸肉、虾肉、火腿切成细丁，然后放入热油锅中一起拉油，捞起滤干备用。

（2）笋肉焯水后切成细丁备用，冬菇去蒂切成细丁备用。

（3）炒锅洗净加入少量油用中火加热，加入初处理过的鸡胸肉、虾肉、火腿、笋肉、冬菇，快速翻炒，调入精盐、味精、胡椒粉、香麻油炒匀制成馅料备用。

（4）在鸡蛋液中加入湿生粉搅匀备用。

（5）取小号（直径15厘米）平底锅一个，放在平头炉上用小火加热，倒入少量的油润锅①，倒出油，倒入20克鸡蛋液，煎成直径15厘米、厚薄均匀的圆形蛋皮备用（每煎一张蛋皮前都要润锅一次）。

（6）在每张蛋皮中放入30克的馅料，用烫软的芹菜丝把封口扎紧，用剪刀将皮多余部分剪掉，使之呈石榴形备用。

（7）将做好的石榴球放入蒸笼中蒸5分钟后取出，将蒸出来的汤汁倒入锅中加入上汤，用小火加热，煮开后调味、用湿生粉勾薄芡淋在蒸好的石榴球上即可。

三、菜肴主要营养成分

富贵石榴球主要营养成分一览表

营养素名称	含量	营养素名称	含量
能量	1 020.1 kcal	蛋白质	91.54 g
脂肪	58.05 g	碳水化合物	35.62 g
饱和脂肪	0.04 g	钙	434.77 mg
铁	17.03 mg	锌	6.21 mg
钠	5 830.44 mg	钾	1 442.37 mg
磷	1 254.52 mg	胡萝卜素	191.85 μg
维生素 A	558.88 μgRE	维生素 C	2.75 mg
维生素 E	8.63 mgα－TE	膳食纤维	2.37 g
胆固醇	1 888.93 mg		

---

① 润锅是指在干净的炒锅中倒入少量的油（约300克），用大火加热，边加热边用炒勺将油均匀淋在锅壁上至油均匀地冒青烟为止。润锅是动物原料或高蛋白原料通过炸、炒、煎等技法熟处理前的一个防止原料粘锅的必要步骤。

潮州卤水鹅

一、材料

主料：净狮头鹅1只（约4 000克）。

辅料：川椒粒20克、桂皮15克、香叶15克、南姜300克、芫荽头50克、香茅15克、八角10克、甘草20克、陈皮15克、豆蔻20克、草果20克、罗汉果25克、大蒜200克、肥猪肉250克、清水约15公斤。

调料：生抽酱油400克、红酱油150克、蒜蓉醋50克、鱼露50克、精盐80克、冰糖100克、白酒50克、味精15克、糖色50克。

二、制作方法

（1）将川椒粒、八角、桂皮、甘草、豆蔻、陈皮、草果等香料下炒锅炒香，盛起一同放入煲汤纱布袋中包好，放进卤水盆里，加入酱油、糖色、冰糖、南姜、香茅、白酒，并把肥猪肉用刀切成块放入，再加入清水，以中火把卤水烧沸备用。

（2）将大蒜、芫荽头、南姜洗净，放入鹅腹内（卤熟后取掉），再把鹅放入卤水盆里，大火烧开，吊汤①后用小火浸煮大约1小时（开始卤时要将鹅反复吊汤四次），并注意把鹅身翻转数次，使其入味和均匀受热，然后捞起放凉即可食用，上桌时配上蒜蓉醋。

三、菜肴主要营养成分

潮州卤水鹅主要营养成分一览表（以500克鹅肉计算）

营养素名称	含量	营养素名称	含量
能量	1 295. 42 kcal	蛋白质	85. 76 g
脂肪	95. 46 g	碳水化合物	10. 23 g
饱和脂肪	0 g	钙	62. 98 mg
铁	19. 45 mg	锌	7. 35 mg
钠	1 232. 87 mg	钾	1 272. 75 mg
磷	741. 63 mg	胡萝卜素	0 μg
维生素 A	234. 63 μgRE	维生素 C	0 mg
维生素 E	1. 57 mgα – TE	膳食纤维	0 g
胆固醇	366 mg		

① 吊汤是指卤水煮开后放入鹅肉，卤水受凉温度降低停止沸腾，这时将鹅捞起来等卤水沸腾后重新放进去。吊汤的目的是使鹅的腹腔和外表受热均匀，同时将鹅肉里的血水去除增加鹅肉的鲜美度。

青椒炒鸡球

一、材料

主料：鸡胸肉 300 克。

辅料：湿香菇 20 克、鲜笋肉 50 克、生葱段 10 克、青灯笼椒片 150
克、红辣椒片 50 克。

调料：味精 3 克、精盐 3 克、鲽脯干 10 克、绍酒 2 克、湿生粉 15
克、香麻油 2 克、鱼露 5 克、胡椒粉 1 克、花生油适量。

二、制作方法

（1）先把鸡胸肉用平刀法切成片，在切出的鸡肉片上均匀剞上十字刀花①，然后再把鸡肉片切成边长 4 厘米左右的三角块，加入味精、精盐、绍酒搅拌均匀，再加入湿生粉（10 克）拌匀腌制 15 分钟备用。

（2）把香菇切片备用，笋肉放入加盐的沸水中焯熟，捞起放入清水中漂洗干净，切成笋花备用，把鲽脯干用油炸香后切成三角块备用。

（3）把腌好的鸡肉下锅，用 120℃~150℃ 的温油拉油至八成熟，捞起鸡肉滤干油备用。

（4）将味精、鱼露、香麻油、胡椒粉、湿生粉（5 克）、10 克清水放在小碗中拌匀，调成碗芡②备用。

（5）炒锅洗净放少量油，用中火将香菇片、笋花、葱段、青灯笼椒片、红辣椒片爆香，再放入鸡球、鲽脯块爆炒 20 秒，倒入碗芡，快速翻炒均匀，出锅装盘即可。

三、菜肴主要营养成分

青椒炒鸡球主要营养成分一览表

营养素名称	含量	营养素名称	含量
能量	486.02 kcal	蛋白质	63.01 g
脂肪	15.76 g	碳水化合物	26.94 g
饱和脂肪	0.08 g	钙	55.92 mg
铁	2.59 mg	锌	1.83 mg
钠	740.8 mg	钾	1 096.69 mg
磷	675.19 mg	胡萝卜素	501.5 μg
维生素 A	132.88 μgRE	维生素 C	108.1 mg
维生素 E	1.18 mgα-TE	膳食纤维	5.04 g
胆固醇	246.15 mg		

① 十字刀花：是指将一些带筋的动物片状原料先均匀密集地轻剞（不剁断原料），调转方向使之与原来剞的运刀方向成 90 度，再均匀密集地轻剞。原料剞上十字刀花的目的是将其筋剁断，原料受热后不会大幅度地收缩。

② 碗芡：勾芡按与调味的先后顺序来划分可分为锅芡和碗芡。锅芡是指先调味再勾芡，碗芡是指调味和勾芡同时进行。

皮蛋菊花酥

一、材料

主料：皮蛋 3 个（约 150 克）、柑饼 75 克、冬瓜糖 75 克、菊花叶 40
克、菊花 20 克。

辅料：猪网油 400 克（实际使用 200 克）、鸡蛋 1 个（约 50 克）、面
粉 200 克、生粉 60 克。

调料：精盐 3 克、花生油适量。

二、制作方法

（1）将菊花和菊花叶洗净，再用盐水浸泡10分钟，捞起滤干水分备用，猪网油用温水洗净，摊开晾干备用。

（2）将皮蛋去壳，每个皮蛋平均切成六份备用，柑饼、冬瓜糖切成粗条备用。

（3）将200克面粉和40克生粉盛在碗中，加入50克清水拌匀，再加入鸡蛋、精盐拌匀，最后加入15克花生油拌匀，调成全蛋糊备用。

（4）将猪网油摊开放在砧板上，放上菊花叶、菊花瓣垫底，然后放上皮蛋、柑饼、冬瓜糖，包紧卷成条形，再切成4厘米长的小段，在切口蘸上生粉备用。

（5）炒锅洗净倒入适量的油，用中火加热，当油温升至三四成热时将切好的皮蛋菊花卷拖上全蛋糊放入油锅，炸至金黄色时捞出，提高油温，将菊花酥放到油锅中进行复炸，至表皮酥脆，捞起菊花酥滤干油装盘即可。

三、菜肴主要营养成分

皮蛋菊花酥主要营养成分一览表

营养素名称	含量	营养素名称	含量
能量	2 652.44 kcal	蛋白质	32.09 g
脂肪	153.47 g	碳水化合物	288.05 g
饱和脂肪	0.38 g	钙	298.32 mg
铁	15.45 mg	锌	6.15 mg
钠	1 309.49 mg	钾	613.3 mg
磷	606.8 mg	胡萝卜素	195 μg
维生素 A	664.04 μgRE	维生素 C	9.25 mg
维生素 E	2.45 mgα – TE	膳食纤维	3.53 g
胆固醇	1 289.18 mg		

酿百花鸡

一、材料

主料：鸡胸肉 300 克、鲜虾肉 175 克。

辅料：鸭蛋清 10 克、肥猪肉碎 20 克、火腿肉末 30 克、香芹末 50 克、荸荠末 20 克。

调料：味精 3 克、精盐 8 克、胡椒粉 0.5 克、湿生粉 5 克、香麻油 2 克。

二、制作方法

（1）将鸡胸肉洗净，用刀把近皮部分的肉片开，把不带皮的鸡胸肉剁成鸡蓉备用，把带皮部分的鸡胸肉整片用刀均匀地剁上十字刀花（不要切断鸡肉但切断鸡肉中的筋），再加入味精 1 克、精盐 2 克，拌匀腌制 10 分钟，然后摊在盘里（鸡皮向下）备用。

（2）将鲜虾肉用刀拍烂剁成虾泥，把剁好的鸡蓉和虾泥拌匀，加入荸荠末、肥猪肉碎、味精 1 克、精盐 4 克、鸭蛋清，用筷子用力搅拌并拍打成胶，盖在鸡肉上面，做成圆形或长方形，用刀压平，并把芹菜末、火腿末撒在上面（芹菜末和火腿末各撒一边不能混在一起），然后放进蒸笼用旺火蒸约 10 分钟即熟，取出滤出原汁备用。

（3）把蒸好的百花鸡改刀切成 12 块（长方形的取出后用刀切成 4 厘米长、2.5 厘米宽的块，圆形的用刀切成小扇形），然后把不同颜色的百花鸡相互间摆，放进盘中摆成形备用，将滤出的原汁下炒锅，用小火加热，加入味精 1 克、精盐 2 克、胡椒粉 0.5 克、香麻油 2 克，用湿生粉勾芡淋在鸡肉块上面即成。

三、菜肴主要营养成分

酿百花鸡主要营养成分一览表

营养素名称	含量	营养素名称	含量
能量	866.25 kcal	蛋白质	83.44 g
脂肪	51.12 g	碳水化合物	19.35 g
饱和脂肪	0.07 g	钙	127.78 mg
铁	19.34 mg	锌	4.46 mg
钠	4 410.12 mg	钾	1 411.34 mg
磷	983.54 mg	胡萝卜素	191.25 μg
维生素 A	86.71 μgRE	维生素 C	2.75 mg
维生素 E	2.37 mgα－TE	膳食纤维	1.12 g
胆固醇	294.63 mg		

干炒鸽松

一、材料

主料：乳鸽 2 只（约 500 克）。

辅料：湿香菇 20 克、瘦猪肉 100 克、荸荠 100 克、韭黄 20 克、火腿 10 克、湿生粉 10 克、生菜 200 克、薄饼皮 200 克。

调料：陈醋 10 克、味精 2 克、香麻油 2 克、精盐 6 克、胡椒粉 0.5 克、花生油适量。

二、制作方法

（1）将乳鸽宰杀，脱净毛，开腹去掉内脏，用刀取出鸽肉然后和瘦猪肉一起剁成肉松，加入10克湿生粉拌匀备用。

（2）将荸荠、韭黄洗净，切成细丁备用，把火腿、香菇（去蒂）切成细丁备用。

（3）洗净炒锅用大火加热，倒入少量的油润锅，再加入适量的油，待油温升至五成热时倒入肉松，炸熟，捞起滤干油备用。

（4）洗净炒锅倒进少量的花生油，用大火加热，把火腿、荸荠、韭黄、香菇炒香，加入鸽松、调味料、爆炒，炒匀后盛入餐盘中。将生菜修切成圆形整齐摆进小盘中和鸽松、薄饼皮一起上桌，并配上陈醋两碟作佐料即可。

三、菜肴主要营养成分

干炒鸽松主要营养成分一览表

营养素名称	含量	营养素名称	含量
能量	1 747.31 kcal	蛋白质	70.57 g
脂肪	117.89 g	碳水化合物	105.51 g
饱和脂肪	0.39 g	钙	2 699.88 mg
铁	15.13 mg	锌	11.47 mg
钠	4 721.14 mg	钾	1 030.57 mg
磷	2 105.62 mg	胡萝卜素	1 790 μg
维生素 A	318.05 μgRE	维生素 C	13 mg
维生素 E	4.86 mgα - TE	膳食纤维	7.86 g
胆固醇	63.89 mg		

海鲜蛋肠养生汤

一、材料

主料：猪粉肠 250 克、鸡蛋白 200 克、蛋黄 75 克。

辅料：高级清汤 500 克、干贝 50 克、沙参 50 克、玉竹 50 克、枸杞 10 克、玉白菜 10 棵、白胡椒碎 15 克、姜 10 克、葱 10 克。

调料：盐 8 克、味精 3 克。

二、制作方法

（1）将干贝涨发洗净备用，沙参、玉竹、枸杞分别洗净备用，玉白菜洗净改成菜胆①备用。

（2）将鸡蛋白、蛋黄分开，分别调入盐、味精搅拌均匀，用隔筛过滤掉泡沫备用。

（3）将猪粉肠整条洗净，一端用小绳子系紧，另外一端用漏斗把蛋液灌进猪粉肠里（不宜太满），再用绳子系紧，把灌好蛋液的蛋肠放进蒸炉蒸4分钟至蛋液凝固取出（蒸肠时蒸气不宜太猛，确保猪粉肠不被撑破），放凉，切去两端再切成一厘米长的段备用。

（4）取10个炖盅放入干贝、白胡椒碎，加入高级清汤（高级清汤要先加入盐和味精调好味，炖出的汤的味道才会均匀）用大火炖50分钟，放入蛋肠再炖10分钟，将菜胆飞水，放到炖汤中点缀即可。

三、菜肴主要营养成分

海鲜蛋肠养生汤主要营养成分一览表

营养素名称	含量	营养素名称	含量
能量	962.47 kcal	蛋白质	129.81 g
脂肪	37.77 g	碳水化合物	27.61 g
饱和脂肪	0 g	钙	175.15 mg
铁	17.09 mg	锌	12.6 mg
钠	3 818.68 mg	钾	1 264.07 mg
磷	741.45 mg	胡萝卜素	1 505.58 μg
维生素 A	598.22 μgRE	维生素 C	8.41 mg
维生素 E	5.15 mgα-TE	膳食纤维	2.75 g
胆固醇	1 761.78 mg		

---

① 菜胆是取玉白菜茎部到叶子最嫩部分，约长10厘米，大棵的菜胆切成两半，常用于菜肴的围边。

秘制乳鸽

一、材料

主料：去腹乳鸽 2 只（约 500 克）。

辅料：南姜片 20 克、葱段 5 克、红椒 10 克、芫荽头 20 克、八角 10 克、桂皮 10 克、花椒 15 克、甘草 10 克、豆蔻 5 克、上汤 800 克。

调料：生抽 500 克、精盐 10 克、味精 3 克、冰糖 20 克、白醋 15 克、大红浙醋 15 克、麦芽糖 30 克、花生油适量。

二、制作方法

（1）除上汤以外将所有辅料装入煲汤袋中备用。

（2）取一大汤盆，倒入上汤、生抽，加入精盐、味精、冰糖，放入装有辅料的煲汤袋和乳鸽，用保鲜纸密封，放到蒸笼中大火蒸50分钟，取出乳鸽吊干汤汁备用。

（3）炒锅洗净倒入清水20克、麦芽糖25克，用小火加热，用勺子不断搅动至麦芽糖完全溶化，加入15克白醋、15克大红浙醋，搅匀调成脆皮水，均匀地淋在乳鸽的身上，重新吊干乳鸽备用。

（4）炒锅洗净倒入适量的油，用大火加热，当油温升至五成热时，把乳鸽放到锅中炸至色泽金黄表皮酥脆为止，捞起乳鸽滤干油，每只乳鸽斩成4件，摆形装盘即可。

三、菜肴主要营养成分

秘制乳鸽主要营养成分一览表

营养素名称	含量	营养素名称	含量
能量	1 991.37 kcal	蛋白质	61.6 g
脂肪	174.24 g	碳水化合物	57 g
饱和脂肪	0 g	钙	4 558.19 mg
铁	16.47 mg	锌	14.63 mg
钠	5 927.25 mg	钾	984.25 mg
磷	2 922.07 mg	胡萝卜素	285 μg
维生素 A	277.44 μgRE	维生素 C	0 mg
维生素 E	9.9 mgα－TE	膳食纤维	0 g
胆固醇	495 mg		

豆酱焗鸡

一、材料

主料：光鸡 1 只（约重 800 克）。

辅料：白肉 100 克、普宁豆酱 50 克、姜片 30 克、葱段 30 克、芫荽头 25 克、芫荽 20 克、上汤 80 克。

调料：味精 3 克、砂糖 5 克、芝麻酱 15 克、绍酒 10 克。

二、制作方法

（1）将鸡洗净晾干，切去鸡爪、食道管和肛门口，用刀背将鸡颈骨均匀地敲断备用。把白肉切成薄片备用，豆酱用搅拌机打成泥状备用。

（2）将味精、砂糖、绍酒、豆酱和芝麻酱搅匀，均匀地涂在鸡身内外，把姜、葱、芫荽头洗净甩干水分放进鸡腹内，腌制15分钟备用。

（3）将砂锅洗净擦干，用薄竹篾片垫底，把白肉片铺在竹篾上，鸡放在白肉上面，将上汤从锅边淋入（勿淋掉鸡身上的豆酱），加盖，用湿草纸密封锅盖四边，置炉上用旺火烧沸后，改用小火焗约30分钟，取出备用。

（4）剁下鸡的头、颈、翅、脚，然后将鸡身拆骨、将骨砍成段，盛入盘中，鸡肉切块放在上面，再摆上鸡头、翅、脚呈鸡形，淋上原汁（鸡焗好后剩下的汤汁），配上芫荽伴盘即可。

三、菜肴主要营养成分

豆酱焗鸡主要营养成分一览表

营养素名称	含量	营养素名称	含量
能量	1 249.76 kcal	蛋白质	176.99 g
脂肪	54.13 g	碳水化合物	14.91 g
饱和脂肪	0 g	钙	238.33 mg
铁	29.34 mg	锌	9.95 mg
钠	2 579.12 mg	钾	2 561.38 mg
磷	1 254.77 mg	胡萝卜素	0 μg
维生素 A	573.42 μgRE	维生素 C	0 mg
维生素 E	20.73 mgα – TE	膳食纤维	0 g
胆固醇	860.51 mg		

干炸果肉

一、材料

主料：猪前胸肉 300 克、猪网油 400 克（实际使用约 200 克）、香芋 200 克。

辅料：红椒 10 克、鸭蛋 50 克、生葱 50 克、生粉 120 克。

调料：五香粉 3 克、盐 8 克、白糖 5 克、绍酒 5 克、梅膏酱 15 克、花生油适量。

二、制作方法

（1）先把猪胸肉切成中丝备用，香芋去皮洗净切成中丝备用，生葱、红椒洗净切成细丝备用。

（2）取一个汤盆，倒入猪肉丝、芋头丝、葱丝、红椒丝，加入鸭蛋、白糖、盐、五香粉、绍酒、生粉20克，拌匀备用。

（3）将猪网油漂洗干净，晾干，摊开放入拌好的肉料，均匀地卷成长条形状的果肉卷（卷的时候要注意肉料裹得精密，大小均匀)，用刀切成3厘米左右长的果肉块，再将果肉块的两头蘸上干粉备用。

（4）炒锅洗净倒入花生油，用中火加热，当油温烧热至140℃左右时放入果肉块炸至熟透，捞起果肉，提高油温至160℃，放入果肉复炸10秒，出锅装盘，上桌时配上梅膏酱即可。

三、菜肴主要营养成分

干炸果肉主要营养成分一览表

营养素名称	含量	营养素名称	含量
能量	2 360. 38 kcal	蛋白质	64.5 g
脂肪	178.5 g	碳水化合物	123.83 g
饱和脂肪	0.04 g	钙	144.05 mg
铁	8.32 mg	锌	8.72 mg
钠	2 668.46 mg	钾	1 109 mg
磷	729.88 mg	胡萝卜素	419.45 μg
维生素 A	252.35 μgRE	维生素 C	10 mg
维生素 E	4.3 mgα - TE	膳食纤维	11.05 g
胆固醇	682.18 mg		

鸽吞雪蛤

一、材料

主料：不开腹乳鸽 2 只（约 500 克）、干货雪蛤① 25 克。

辅料：姜片 15 克、葱段 15 克、高级清汤 800 克。

调料：盐 7 克、味精 2 克、料酒 5 克。

---

① 雪蛤，学名"东北林蛙"，是一种珍贵的蛙科两栖类动物，生长在长白山，以野果和昆虫为食，寒冬中可在雪地里冬眠长达五个月之久，因此得名"雪蛤"。广东烹调常用的雪蛤是雪蛤油，又叫林蛙油，其实是雌林蛙的输卵管，叫久了，就把"膏"或"油"字省略了，只剩下"雪蛤"。从营养的角度来说，林蛙输卵管的意义大于林蛙本身，局部优于全身，于是大家便以偏概全地把其输卵管称为"雪蛤"。

二、制作方法

（1）将干货雪蛤用清水涨发备用。

（2）将已脱毛的鸽子（需用整只出骨的乳鸽，不能开腹去内脏，煺毛的温水也不能太高、鸽子不能破皮）整只出骨①（拆荷包鸽），将出好骨的乳鸽（出好骨的乳鸽不能破皮，开口的最低处不能低于乳鸽的翅膀）用清水漂洗干净备用。

（3）把雪蛤塞进荷包鸽里边（不能太饱，否则在炖的过程中易裂开），用翅膀交叉和脖子绑定型（确保雪蛤不漏出来），将绑好的乳鸽放入沸水中，加入姜（10 克）、葱、料酒焯水去掉血污，捞起漂洗干净备用。

（4）把漂洗好的鸽子放入大的瓷炖盅中，倒入高级清汤，加入 5 克姜片、盐、味精，用保鲜膜密封，放入蒸炉，大火炖 90 分钟即可。

三、菜肴主要营养成分

鸽吞雪蛤主要营养成分一览表

营养素名称	含量	营养素名称	含量
能量	1 622.47 kcal	蛋白质	174.97 g
脂肪	92.65 g	碳水化合物	10.57 g
饱和脂肪	0 g	钙	173.44 mg
铁	19.49 mg	锌	4.31 mg
钠	4 427.63 mg	钾	1 717.37 mg
磷	683.99 mg	胡萝卜素	125.84 μg
维生素 A	296.77 μgRE	维生素 C	87.32 mg
维生素 E	2 005.07 mgα－TE	膳食纤维	0.36 g
胆固醇	495.25 mg		

---

① 整只出骨就是根据烹调的要求，运用一定的刀工技法，将整只原料（不开腹）除净全部骨骼或主要骨骼，保持原料完整形态的工艺过程。

荷香珍珠球

一、材料

主料：鸡胸肉 250 克、鲜虾肉 150 克、糯米 200 克。

辅料：白膘肉 50 克、马蹄肉 50 克、鲽脯鱼 10 克、蛋清 20 克、鲜荷叶 1 张。

调料：盐 7 克、味精 2 克、胡椒粉 1 克、香麻油 1 克、生粉 5 克。

二、制作方法

（1）马蹄肉拍碎挤掉汁备用，白膘肉切成末备用，鲽脯鱼炸至金黄色研磨成末备用，糯米用清水泡发好备用。

（2）鸡胸肉剁成蓉和虾肉拍成泥，加入马蹄末、白膘肉末、鲽脯鱼末拌匀，再加入盐、味精、胡椒粉、香麻油、蛋清、生粉搅拌成胶状备用。

（3）将肉胶挤成每颗约 20 克重的肉球，把肉球均匀地粘上涨发好的糯米粒备用。

（4）取一个盘，盘底铺上一层鲜荷叶，把粘好糯米的肉球均匀地摆在上面，入蒸笼旺火蒸 25 分钟，取出珍珠球装盘即可。

三、菜肴主要营养成分

荷香珍珠球主要营养成分一览表

营养素名称	含量	营养素名称	含量
能量	1 743.86 kcal	蛋白质	76.4 g
脂肪	71.03 g	碳水化合物	199.47 g
饱和脂肪	0.18 g	钙	47.65 mg
铁	5.36 mg	锌	4.94 mg
钠	3 286.18 mg	钾	1 245.15 mg
磷	694.02 mg	胡萝卜素	0.6 μg
维生素 A	61.5 μgRE	维生素 C	0 mg
维生素 E	3.42 mgα – TE	膳食纤维	4.87 g
胆固醇	285.15 mg		

橄榄炖猪肺

一、材料

主料：猪肺 500 克。

辅料：生橄榄 50 克、南姜末 15 克、清上汤 800 克、猪排骨 500 克。

调料：精盐 6 克、味精 3 克、胡椒粉 1 克。

二、制作方法

（1）把猪肺的喉管套在自来水龙头上灌入清水，使它充水膨胀，然后轻轻把水压出。这样灌洗五六次直至肺里面没有血水，整个猪肺变为白色，放进锅中煮熟备用。

（2）用刀将熟猪肺的喉管和肺小管切去，把猪肺切成约长5厘米、宽2.5厘米、厚2厘米的块备用。

（3）将生橄榄拍烂备用，猪排骨砍成小块，放入沸水中焯水去掉血污，捞起用清水漂洗干净备用。

（4）清上汤加入精盐、味精搅拌均匀备用。

（5）将所有原料均匀地放入10个炖盅中，加入调好味的上汤入蒸笼蒸90分钟取出，均匀地撒上南姜末和胡椒粉调味即可。

三、菜肴主要营养成分

橄榄炖猪肺主要营养成分一览表

营养素名称	含量	营养素名称	含量
能量	1 336.2 kcal	蛋白质	133.45 g
脂肪	83.19 g	碳水化合物	15.64 g
饱和脂肪	0 g	钙	73.87 mg
铁	19.09 mg	锌	9.16 mg
钠	2 589.52 mg	钾	1 495.5 mg
磷	885.27 mg	胡萝卜素	83.05 μg
维生素 A	79.41 μgRE	维生素 C	0.45 mg
维生素 E	1.74 mgα – TE	膳食纤维	2.52 g
胆固醇	1 362.15 mg		

脆皮牛肉

一、材料

主料：牛里脊肉 300 克。

辅料：面包糠 200 克、鸡蛋液 50 克。

调料：黑椒碎 10 克、黑椒汁 10 克、李锦记牛肉汁 5 克、嫩肉粉 2 克、盐 5 克、卡夫奇妙酱 20 克、花生油适量。

二、制作方法

（1）把牛里脊肉切成 6 厘米长、0.5 厘米宽、0.5 厘米厚的条状，放入盐、黑椒碎和嫩肉粉搅拌均匀，逐渐加入 25 克的水不断搅拌（边搅拌边加水）至水完全渗透到牛肉里去，再加入黑椒汁和牛肉汁搅拌均匀腌制 15 分钟备用。

（2）将腌制好的牛肉条逐一粘上一层蛋液（搅打均匀），再均匀裹上一层面包糠备用。

（3）炒锅洗净倒入适量油，用大火加热，当油温升至五成热时，快速撒入裹上面包糠的牛肉条炸至金黄，捞起牛肉滤干油，装盘，配上卡夫奇妙酱即可。

三、菜肴主要营养成分

脆皮牛肉主要营养成分一览表

营养素名称	含量	营养素名称	含量
能量	1 327. 17 kcal	蛋白质	99. 86 g
脂肪	30. 14 g	碳水化合物	164. 12 g
饱和脂肪	2. 66 g	钙	533. 99 mg
铁	13. 25 mg	锌	20. 81 mg
钠	3 373. 81 mg	钾	516. 7 mg
磷	744. 89 mg	胡萝卜素	0 μg
维生素 A	29. 07 μgRE	维生素 C	0 mg
维生素 E	18. 11 mgα－TE	膳食纤维	8. 61 g
胆固醇	189 mg		

甜芙蓉燕窝

一、材料

主料：白燕盏（燕窝）50 克。

辅料：鸡蛋清 75 克。

调料：冰糖 50 克。

二、制作方法

（1）将白燕盏盛于汤碗内，倒入温水浸泡30分钟，当燕条散开后捞起，倒入白盘内，捡去燕毛和杂质备用。

（2）将蛋清放入深碗内，用蛋抽搅成棉花状备用。将初处理过的燕窝放入蒸笼蒸15分钟，揭开笼盖轻轻地把蛋清泡倒在燕窝上面，迅速盖上用猛火再蒸1分钟取出，滤干水分把燕窝倒扣在汤碗中使燕窝朝上。

（3）将锅洗干净，倒入清水，用中火加热，加入冰糖煮成糖水，煮开后撇去浮沫盛起，上席时将糖水从盛燕窝的碗边轻轻注入即可。

三、菜肴主要营养成分

甜芙蓉燕窝主要营养成分一览表

营养素名称	含量	营养素名称	含量
能量	243.5 kcal	蛋白质	8.7 g
脂肪	0.09 g	碳水化合物	51.98 g
饱和脂肪	0 g	钙	334.15 mg
铁	3.3 mg	锌	0.22 mg
钠	715.85 mg	钾	105.15 mg
磷	18.51 mg	氨基酸总量	24.61 g
苏氨酸	4.36 g	天冬氨酸	2.99 g
异亮氨酸	2.51 g	必需氨基酸	14.27 g
胆固醇	0 mg		

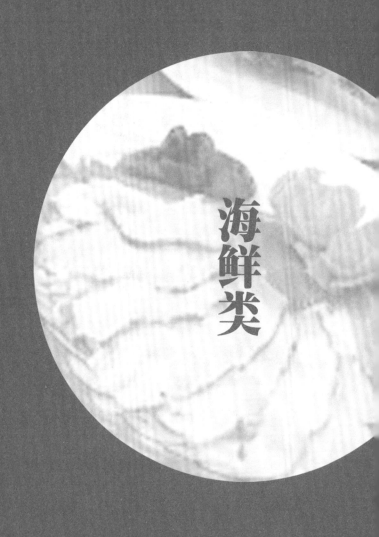

海鲜类

明炉烧大响螺

一、材料

主料：大响螺①1 个（约 1 500 克）。

辅料：生葱粒 15 克、生姜粒 15 克、火腿粒 10 克、上汤 100 克。

调料：绍酒 15 克、精盐 8 克、生抽 15 克、味精 2 克、川椒末 0.5

克、梅膏酱 20 克、芥末酱 10 克。

---

① 响螺，别名香螺，学名长辛螺，是贝壳类海产品，软体动物门，腹足纲喜栖息于盐度较高的海底，每年 7～8 月产卵，出肉率较低，只有四成左右。潮汕沿海机拖网作业时有捕获，但资源少，所获不多。其营养丰富，为宴席上贵重的海味，渔民常用其壳作吹号，声音洪亮，故有响螺之称。

二、制作方法

（1）将生葱粒、生姜粒、火腿粒放到碗中，加入绍酒 15 克、精盐 8 克、生抽 15 克、味精 2 克、川椒末 0.5 克拌匀调成烧汁备用。

（2）将大响螺洗干净后螺口向下放置，让其沥干水分，再竖立起来使螺口向上，把调好的烧汁从响螺口慢慢灌入响螺里面，腌制 20 分钟，然后从螺口灌入上汤（100 克上汤分几次倒入，预防响螺因失去水分而烧焦）。将大响螺放到特制的碳炉上面烧，在烧制的过程中将螺身稍稍转动，当汤汁较少时就重新加入上汤，约烧 25 分钟至螺肉收缩，肉和厣脱离即熟。

（3）挑出螺肉，切去头部污物和硬肉，同时去净响螺的肠，用刀将螺肉黑色表皮刮干净，然后斜刀片成 2 毫米厚的薄片和火腿粒等按照一定的图案摆砌于盘中即可，螺尾用油炸后放在盘中和螺肉一起上桌，上桌时跟上梅膏酱、芥末酱。

三、菜肴主要营养成分

明炉烧大响螺主要营养成分一览表

营养素名称	含量	营养素名称	含量
能量	933.12 kcal	蛋白质	124.03 g
脂肪	25.3 g	碳水化合物	52.98 g
饱和脂肪	0 g	钙	490.96 mg
铁	20.66 mg	锌	15.02 mg
钠	3 614.08 mg	钾	1 760.5 mg
磷	567.98 mg	胡萝卜素	126.54 µg
维生素 A	21.08 µgRE	维生素 C	0 mg
维生素 E	71.7 mgα - TE	膳食纤维	0 g
胆固醇	981.89 mg		

脆炸虾球

一、材料

主料：虾仁 300 克。

辅料：小馒头 250 克、马蹄肉 50 克，韭黄 50 克、白膘肉 20 克、鸭
蛋清 20 克。

调料：精盐 5 克、橘油 20 克、花生油适量。

二、制作方法

（1）将小馒头切成 0.5 厘米 ×0.5 厘米的方粒备用，马蹄肉拍碎挤掉汁备用，韭黄洗净切成末备用，白膘肉切成末备用。

（2）虾仁拍成虾泥，加入马蹄末、韭黄末、白膘肉末拌匀，加入精盐、鸭蛋清拍打成虾胶备用。

（3）将虾胶挤成每颗约 20 克重的虾球，把虾球均匀地裹上馒头粒备用。

（4）炒锅洗净倒入适量油，用大火加热，当油温升至四成热时关小火力，把虾球放到锅中，浸炸至熟，捞起虾球，调大火力当油温升至六成热时，把虾球放到锅中，复炸至色泽金黄、口感酥脆为止，捞起虾球，滤干油摆盘，上桌时跟上 1 碟橘油即可。

三、菜肴主要营养成分

脆炸虾球主要营养成分一览表

营养素名称	含量	营养素名称	含量
能量	1 386.2 kcal	蛋白质	149.78 g
脂肪	49.06 g	碳水化合物	194.24 g
饱和脂肪	1.53 g	钙	315.55 mg
铁	2.67 mg	锌	1.66 mg
钠	4 737.65 mg	钾	205.54 mg
磷	100.36 mg	胡萝卜素	180 μg
维生素 A	23.17 μgRE	维生素 C	7.5 mg
维生素 E	8.12 mgα - TE	膳食纤维	12.22 g
胆固醇	1 158 mg		

笋焖鱼鳔

一、材料

主料：发好鱼鳔 300 克。

辅料：竹笋 150 克、水发香菇 50 克、红辣椒 10 克、虾米 10 克、姜 10 克、葱 10 克。

调料：鱼露 6 克、味精 2 克、胡椒粉 3 克、香麻油 3 克、湿生粉 15 克、鸡汁 5 克、花生油适量。

二、制作方法

（1）将发好的鱼鳔洗净，切成 5 厘米的长段放进沸水中，加入姜、葱、料酒焯水（去腥），捞起鱼鳔滤干备用。

（2）竹笋切块，冷水投料，加盐，大火烧开后调小火，煮约 20 分钟，捞出，漂凉后切成笋花备用，香菇、红辣椒切成角备用，葱切段备用，虾米用水泡发后捞起备用。

（3）热油润锅，锅底留少许油，先放入香菇、虾米、葱爆香，下笋花、红辣椒炒香，放入鱼鳔翻炒后加少量水，调入鱼露、味精、胡椒粉、鸡汁，用小火焖煮 5 分钟后用湿生粉勾芡，调入香麻油，调大火力炒匀收汁①，再勾芡一次，加包尾油，出锅装盘即可。

三、菜肴主要营养成分

笋焖鱼鳔主要营养成分一览表

营养素名称	含量	营养素名称	含量
能量	449 kcal	蛋白质	61.66 g
脂肪	16.61 g	碳水化合物	15.82 g
饱和脂肪	0.08 g	钙	85.76 mg
铁	8.78 mg	锌	2.44 mg
钠	821.32 mg	钾	124.02 mg
磷	425.72 mg	胡萝卜素	84.49 μg
维生素 A	19.48 μgRE	维生素 C	2.51 mg
维生素 E	0.38 mgα – TE	膳食纤维	2.81 g
胆固醇	10.35 mg		

---

① 收汁是指菜肴勾芡后汤汁仍较多，调大火力快速翻炒使汤汁中水分快速蒸发，汤汁变浓芡状的过程。

黑胡椒煎带子

一、材料

主料：带子肉 200 克（约 8 个带子）。

辅料：春菜 250 克、姜片 5 克、葱段 5 克。

调料：黑胡椒汁 10 克、黑胡椒碎 5 克、盐 8 克、味精 2 克、胡椒粉

1 克、香麻油 1 克、湿生粉 10 克、料酒 5 克、花生油适量。

二、制作方法

（1）把带子对半切开，去掉内脏，取出闭壳肌，洗净，用十字花刀剖至3/5深，放入盐、黑胡椒碎、少量黑胡椒汁、湿生粉（7克）、姜葱汁、料酒搅拌均匀腌制10分钟备用。

（2）把春菜洗净切成丝，倒入炒锅中用旺火炒熟，加入盐3克、味精2克、胡椒粉1克、香麻油1克、湿生粉3克翻炒均匀，起锅，倒入码斗中压紧，倒扣在碟子中备用。

（3）取一个平底锅，放入适量的食用油，用中小火烧至五成热，逐一放入剖好花刀的带子中煎熟，起锅，配上已热处理的黑胡椒汁成菜即可。

三、菜肴主要营养成分

黑胡椒煎带子主要营养成分一览表

营养素名称	含量	营养素名称	含量
能量	459.31 kcal	蛋白质	60.42 g
脂肪	12.78 g	碳水化合物	30.82 g
饱和脂肪	0.15 g	钙	934.7 mg
铁	22.83 mg	锌	25.21 mg
钠	4 083.63 mg	钾	973.97 mg
磷	386.45 mg	胡萝卜素	816.95 μg
维生素 A	136.99 μgRE	维生素 C	78.71 mg
维生素 E	25.55 mgα – TE	膳食纤维	8.14 g
胆固醇	279.56 mg		

XO 酱焗虾蛄

一、材料

主料：虾蛄 600 克。

辅料：姜 5 克、葱 5 克、蒜头 10 克、红椒 5 克、高汤 50 克。

调料：盐 2 克、味精 1 克、酱油 5 克、XO 酱 10 克、生粉 30 克、花
生油适量。

二、制作方法

（1）将姜、葱、蒜头、红椒分别洗净并切成末备用。

（2）将虾蛄焯熟漂凉，用剪刀修去脚、头尾，剥去壳，拍上生粉（25克）备用。

（3）炒锅洗净倒入适量的油，用大火加热，当油温升至六成热时将拍好生粉的虾蛄下油锅拉油，捞起滤干油备用。

（4）炒锅洗净放少量油，用小火加热，放入蒜头末、姜末、葱末、红椒末煸香，放入虾蛄、高汤，调入盐、味精、酱油、XO酱，大火烧开后关小火让虾蛄在锅中焗5分钟，最后用湿生粉（5克）勾芡，收汁，淋上包尾油出锅装盘即可。

三、菜肴主要营养成分

XO酱焗虾蛄主要营养成分一览表

营养素名称	含量	营养素名称	含量
能量	575.34 kcal	蛋白质	102.25 g
脂肪	10.43 g	碳水化合物	20.52 g
饱和脂肪	0.06 g	钙	17.66 mg
铁	87.65 mg	锌	3.58 mg
钠	2 266.03 mg	钾	1 150.81 mg
磷	1 715.77 mg	胡萝卜素	44.84 μg
维生素A	7.48 μgRE	维生素C	1.77 mg
维生素E	0.17 mgα–TE	膳食纤维	0.57 g
胆固醇	588.3 mg		

咸蛋黄焗虾

一、材料

主料：鲜虾 500 克、咸蛋黄 30 克。

辅料：葱白 20 克、姜 20 克、芫荽 10 克。

调料：盐 3 克、味精 1 克、料酒 10 克、生粉 10 克、花生油适量。

二、制作方法

(1) 鲜虾去掉须和枪，从腹部开一刀（深度约 4/5），加入姜、葱、料酒、盐腌制 15 分钟备用。

(2) 把咸蛋黄蒸熟碾碎备用，把葱白、芫荽洗净切末备用。

(3) 把入好味的虾拍上少许生粉，放入六成热的油锅中炸至熟透捞出，升高油温至七成热，放入虾复炸至虾壳酥脆，捞起滤干油备用。

(4) 炒锅洗净倒入少量的油，用小火加热，放入碾碎的熟咸蛋黄搅打散，至起大泡，放入切好的葱白末、芫荽末炒香，加入虾、味精，快速翻炒均匀，出锅摆盘即可。

三、菜肴主要营养成分

咸蛋黄焗虾主要营养成分一览表

营养素名称	含量	营养素名称	含量
能量	616. 22 kcal	蛋白质	99.5 g
脂肪	12. 93 g	碳水化合物	26. 15 g
饱和脂肪	0 g	钙	376. 26 mg
铁	10. 41 mg	锌	13. 31 mg
钠	2 218.79 mg	钾	1 194.96 mg
磷	1 227.22 mg	胡萝卜素	283. 81 μg
维生素 A	258.6 μgRE	维生素 C	9. 22 mg
维生素 E	4. 89 mgα – TE	膳食纤维	0. 6 g
胆固醇	1 419.94 mg		

潮州大鱼丸

一、材料

主料：鱼肉 500 克（选料时可取用淡水和咸水鱼，咸水鱼取"那哥鱼"、"淡甲鱼"，淡水鱼用"鲢鱼"、"鳞鱼"）。

辅料：紫菜 50 克、鸡蛋清 20 克、上汤 800 克、生菜 100 克、湿生粉 30 克、香芹粒 5 克。

调料：精盐 3 克、鱼露 5 克、味精 2 克、胡椒粉 1 克、香麻油 3 克。

二、制作方法

（1）把鱼肉用刀刮成鱼蓉（先将鱼骨拔去），放入盆中，加入鸡蛋清、精盐、味精、湿生粉、清水15克，用手搅拌约15分钟至鱼胶黏手不掉（起胶），再用手挤成鱼丸（约15克），放于温水（约60℃）中浸泡，然后连水放入锅中，先以旺火煮至虾目水①（水温60℃~70℃），转为小火煮至水滚开时将鱼丸捞起备用。

（2）取一汤盆，加入紫菜、生菜（先用清水洗干净）、香芹粒、鱼露、味精、胡椒粉、香麻油备用。

（3）将上汤下锅用旺火煮沸，放下鱼丸继续加热，待其浮起后，连汤盛入汤盆中，轻微搅拌即可食用。

三、菜肴主要营养成分

潮州大鱼丸主要营养成分一览表

营养素名称	含量	营养素名称	含量
能量	844.05 kcal	蛋白质	121.08 g
脂肪	21.36 g	碳水化合物	51.34 g
饱和脂肪	0.03 g	钙	748.7 mg
铁	30.37 mg	锌	4.3 mg
钠	2 540.96 mg	钾	2 449.86 mg
磷	975.4 mg	胡萝卜素	1 705.11 μg
维生素 A	298.78 μgRE	维生素 C	13.27 mg
维生素 E	5.43 mgα－TE	膳食纤维	12.3 g
胆固醇	370 mg		

潮汕人所说的"那哥鱼"，学名为长尾多齿蛇鲻，潮汕沿海地区产量比较高，其肉质非常甜美，但是鱼刺特别多，在潮汕地区小孩如果能独立吃"那哥鱼"，那吃鱼的基本功就算是过关了。于是，"如果那哥鱼没有鱼刺"便成为爱吃鱼的人的梦想，聪明的潮汕人就把"那哥鱼"的鱼肉刮出来，制成了鱼丸。

---

① 虾目水，是指水煮至冒许多小水泡，水泡的大小如虾目，这时的水温约60℃~70℃。

豆酱焗蟹

一、材料

主料：肉蟹 3 只（每只约 250 克）。

辅料：蒜头 100 克、姜片 10 克。

调料：豆酱 30 克、味精 2 克、生粉 20 克、香麻油 3 克、花生油

适量。

二、制作方法

（1）杀蟹，剥开蟹腹下方的脐，从脐部掀开蟹壳去掉里边的腮，用刷子刷去腮根部黑色物质，砍下两只蟹钳，在蟹钳中间关节部位下刀，将蟹钳分成两段，用刀背轻敲使蟹钳的壳裂开，切去嘴部跟蟹脚尖的茸毛，顺着蟹身骨架纹路顺向切两刀，横向切一刀，将蟹身均匀地分成六块，蟹壳削平并去除胃部，将整只蟹杀好后，洗净晾干，撒上薄薄一层生粉（15克），下油锅拉油捞起备用。

（2）蒜头切除头尾，放到三成热的油中，浸炸至色泽金黄表皮微干，捞起备用。

（3）豆酱碾碎，倒入小碗中，加入清水20克、味精、香麻油、湿生粉（5克），调成对碗芡备用。

（4）炒锅洗净倒入少量的油，用小火加热，放入姜片爆香，加入炸好的蒜头，把蟹摆在蒜头的上面，再将对碗芡均匀淋在蟹肉上面，盖上锅盖，用小火焖焗3分钟（在焗的过程中适当旋锅防止烧底），起锅装盘即可。

三、菜肴主要营养成分

豆酱焗蟹主要营养成分一览表

营养素名称	含量	营养素名称	含量
能量	541.13 kcal	蛋白质	60.1 g
脂肪	10.66 g	碳水化合物	52.05 g
饱和脂肪	0 g	钙	866.2 mg
铁	10.58 mg	锌	12.8 mg
钠	2 252.79 mg	钾	1 245.2 mg
磷	662.93 mg	胡萝卜素	14.45 μg
维生素 A	122.45 μgRE	维生素 C	3.41 mg
维生素 E	12.86 mgα – TE	膳食纤维	0.85 g
胆固醇	500 mg		

炸荷包鲜鱿

一、材料

主料: 鲜鱿鱼（2 个）约 500 克。

辅料: 糯米 100 克、叉烧肉 50 克、湿香菇 20 克、肥猪肉 25 克、虾米 20 克、熟莲子 50 克、青葱 20 克。

调料: 味精 2 克、鱼露 8 克、胡椒粉 1 克、香麻油 2 克、老抽 5 克、湿生粉 20 克、花生油适量。

二、制作方法

（1）将鲜鱿头拉出（不要开刀），内腹冲洗干净，并将外膜脱净备用。

（2）先将糯米浸泡洗净，加少量水蒸成糯米饭备用，然后把叉烧肉、香菇、虾米、肥猪肉、莲子切成粗丁，放入锅中炒香，加入蒸好的糯米饭，再调入味精、鱼露、胡椒粉、葱粒、香麻油炒匀制成八宝饭备用。

（3）将八宝饭料塞进鲜鱿筒里面，用牙签将筒口密封起来和鲜鱿头一起放入蒸笼蒸3分钟，取出鱿鱼，先均匀地抹上湿生粉再抹上老抽备用。

（4）炒锅洗净倒入适量的花生油，用中火加热，当油温升至六成热时，放入鱿鱼炸至表皮呈金黄色，捞起滤干油，用刀将鱿鱼切成若干块，并重新砌成鱿鱼形状摆于盘中，淋上胡椒油①即可。

三、菜肴主要营养成分

炸荷包鲜鱿主要营养成分一览表

营养素名称	含量	营养素名称	含量
能量	881.83 kacl	蛋白质	95.63 g
脂肪	16.2 g	碳水化合物	88.39 g
饱和脂肪	0.02 g	钙	271.32 mg
铁	7.13 mg	锌	12.6 mg
钠	1 573.32 mg	钾	1 547.74 mg
磷	313.34 mg	胡萝卜素	0.3 μg
维生素 A	156.15 μgRE	维生素 C	0.1 mg
维生素 E	7.56 mgα－TE	膳食纤维	0.81 g
胆固醇	1 121.53 mg		

---

① 胡椒油，是潮菜常用于增加风味的自制油，和蒜头油、葱油的作用一样。具体做法是，炒锅中放入少量油，用小火加热，当油温升至六成热时，撒入胡椒粉，搅均即可。

清炖乌耳鳗

一、材料

主料：乌耳鳗 1 条（约 650 克）。

辅料：猪排骨 350 克、酸咸菜 300 克、葱段 5 克、姜片 5 克、上汤 800 克、芹菜 25 克。

调料：绍酒 10 克、味精 2 克、精盐 7 克、胡椒粉 1 克。

二、制作方法

（1）将乌耳鳗宰杀干净，再用温水（60℃）浸泡 10 分钟去掉鳗鱼黏液，将乌耳鳗去骨取肉，将乌耳鳗的肉切成 4 厘米长的段备用，猪排骨砍成段备用，酸咸菜叶洗净备用。

（2）将乌耳鳗放入沸水中飞水，去掉血污，捞起用清水漂洗干净，然后用酸咸菜叶逐块包成日字状，用焯熟的芹菜梗扎紧鳗鱼块，放进炖盅内备用。

（3）将排骨飞水后，用冷水漂洗干净，一起放进炖盅内，再放上姜片、葱段、精盐、味精、绍酒，加入上汤，放进蒸笼用旺火蒸 60 分钟取出，清除汤上面的浮沫，上席时把汤中姜葱取出，撒上胡椒粉即成。

三、菜肴主要营养成分

清炖乌耳鳗主要营养成分一览表

营养素名称	含量	营养素名称	含量
能量	1 503. 15 kcal	蛋白质	148. 02 g
脂肪	94. 14 g	碳水化合物	20. 02 g
饱和脂肪	0 g	钙	340. 65 mg
铁	12. 32 mg	锌	15. 94 mg
钠	6 286. 91 mg	钾	2 413. 33 mg
磷	1 268. 32 mg	胡萝卜素	42. 55 μg
维生素 A	128. 78 μgRE	维生素 C	1. 11 mg
维生素 E	11. 66 mgα – TE	膳食纤维	6. 44 g
胆固醇	786. 8 mg		

干炸虾枣

一、材料

主料：虾仁 250 克。

辅料：熟瘦火腿 10 克、肥猪肉 15 克、韭黄 15 克、鸭蛋清 25 克、荸荠 30 克、干面粉 50 克。

调料：精盐 5 克、味精 3 克、胡椒粉 0.5 克、香麻油 5 克、花生油适量。

二、制作方法

（1）将虾仁洗净，用干净布吸干水分，放到砧板上用刀拍成虾泥备用。

（2）把韭黄洗净切成细丁备用，荸荠洗净后均切成细丁并挤掉汁备用，把火腿、肥猪肉切成丁备用，把切好的韭黄、荸荠、火腿、肥猪肉装入大碗中，加入拍好的虾泥、精盐、味精拌匀，加入鸭蛋清拍打至起胶，下干面粉拌匀制成馅料备用。

（3）炒锅洗净下油，用中火加热，当油温达到三成热时（90℃）端离火口，把全部馅料挤成枣形（每颗约重15克）放入油锅浸炸①，油锅回炉用小火加热，浸炸至熟（约3分钟）使虾枣呈金黄色，捞起虾枣滤干油备用。

（4）将炒锅中油倒掉并洗净，放入香麻油、胡椒粉用小火加热，倒入虾枣炒匀起锅装盘，配上酱碟（潮汕甜酱或橘油）即可。

三、菜肴主要营养成分

干炸虾枣主要营养成分一览表

营养素名称	含量	营养素名称	含量
能量	779.95 kcal	蛋白质	16.87 g
脂肪	37.51 g	碳水化合物	93.18 g
饱和脂肪	0.11 g	钙	56.52 mg
铁	6.46 mg	锌	1.87 mg
钠	3 390.72 mg	钾	207.8 mg
磷	111.82 mg	胡萝卜素	57.3 μg
维生素 A	20.15 μgRE	维生素 C	12 mg
维生素 E	0.29 mgα－TE	膳食纤维	4.62 g
胆固醇	67.75 mg		

---

① 浸炸：又称油浸，是指用较多的油，以中低的油温用稍长时间加热使原料渐熟的方法。

香炸芙蓉蚝

一、材料

主料：鲜大蚝 250 克（去壳）。

辅料：精面粉 25 克、香炸粉 100 克、生粉 25 克、鸡蛋液 25 克、葱末 20 克。

调料：精盐 6 克、味精 2 克、胡椒粉 1 克、川椒末 1 克、花生油适量。

二、制作方法

（1）先将大蚝淘洗干净（注意要去尽蚝的残壳），滤干水分，加入精盐、味精、胡椒粉、川椒末、葱末搅匀，腌制 5 分钟备用。

（2）将精面粉、香炸粉、生粉拌匀，加入 30 克清水拌匀至没有小粉团，再加入鸡蛋液搅拌均匀（鸡蛋液黏度大不要直接和粉状物体接触，否则易生小粉团），加入少量的盐和花生油调成全蛋糊备用。

（3）炒锅洗净倒入适量的油，用大火加热，当油温烧至四五成热时，将已腌制好的大蚝挂上全蛋糊下油锅略炸，定型后捞起，将油温提至六成热，将已炸定型的蚝放入锅中复炸至金黄色，捞起蚝滤干油装盘即成。

三、菜肴主要营养成分

香炸芙蓉蚝主要营养成分一览表

营养素名称	含量	营养素名称	含量
能量	365.71 kcal	蛋白质	35.43 g
脂肪	6.77 g	碳水化合物	41.19 g
饱和脂肪	0 g	钙	133.54 mg
铁	14.08 mg	锌	178.41 mg
钠	3 225.08 mg	钾	1 049.53 mg
磷	352.64 mg	胡萝卜素	169.08 μg
维生素 A	105.63 μgRE	维生素 C	0 mg
维生素 E	0.87 mgα－TE	膳食纤维	0 g
胆固醇	382.65 mg		

XO 酱炒海参

一、材料

主料：水发海参 350 克。

辅料：芹菜 100 克、上汤 50 克。

调料：味精 3 克、XO 酱 10 克、盐 2 克、香麻油 3 克、湿生粉 5 克、

鸡汁 5 克、花生油适量。

二、制作方法

（1）芹菜洗净去叶并切成4厘米长的段备用，水发海参清洗干净并用斜刀法切成块（4厘米长），放入沸水中飞水去掉异味，捞起用清水漂洗备用。

（2）炒锅洗净加入少量的油，用大火加热，倒入海参快速翻炒，加入50克上汤、10克XO酱、鸡汁5克，焖煮10分钟，加入芹菜翻炒至熟，调入盐、味精、香麻油，炒匀，加入湿生粉浓芡，旺火快炒收汁，再下5克包尾油炒匀，出锅装盘即可。

三、菜肴主要营养成分

XO酱炒海参主要营养成分一览表

营养素名称	含量	营养素名称	含量
能量	276.45 kcal	蛋白质	31.77 g
脂肪	12.04 g	碳水化合物	11.25 g
饱和脂肪	0 g	钙	931.19 mg
铁	4.25 mg	锌	1.81 mg
钠	2 764.76 mg	钾	455.48 mg
磷	130.16 mg	胡萝卜素	340 μg
维生素 A	96.4 μgRE	维生素 C	8 mg
维生素 E	2.84 mgα-TE	膳食纤维	1.25 g
胆固醇	210.11 mg		

茶香焗虾

一、材料

主料：鲜虾 400 克。

辅料：凤凰单枞茶 30 克、姜 15 克、葱 15 克、蒜头 10 克。

调料：盐 3 克、椒盐 3 克、料酒 5 克、蒜香粉 3 克、花生油适量。

二、制作方法

（1）将茶叶用温水泡涨，捞出滤干水分备用，蒜头切蓉备用。

（2）剪掉鲜虾的虾枪和脚，从腹部划一刀（约3/4深）去掉虾肠，用葱、姜、料酒、盐腌制10分钟，滤干水分备用。

（3）炒锅洗净倒入适量油，用大火加热，当油温升至五成热时倒入腌制好的鲜虾，炸至八成熟捞起，再把油温提高至七成热，放入虾复炸至虾壳酥脆，捞起滤干油备用，油锅端离火位降低油温，当油温约四成热时放入涨发好的茶叶炸至浮起，捞起茶叶滤干油备用。

（4）炒锅洗净倒入少量油，用中火加热，倒入蒜蓉炒至金黄色，加入炸好的虾和茶叶炒匀，撒入椒盐、蒜香粉翻炒均匀，起锅装盘即可。

三、菜肴主要营养成分

茶香焗虾主要营养成分一览表

营养素名称	含量	营养素名称	含量
能量	505.42 kcal	蛋白质	76.31 g
脂肪	3.61 g	碳水化合物	18.02 g
饱和脂肪	0.01 g	钙	406.8 mg
铁	9.35 mg	锌	9.69 mg
钠	1 857.14 mg	钾	1 344.41 mg
磷	991.71 mg	胡萝卜素	902.84 μg
维生素 A	214.57 μgRE	维生素 C	3.32 mg
维生素 E	12.58 mgα‑TE	膳食纤维	5.27 g
胆固醇	773.6 mg		

炒麦穗花鱿

一、材料

主料：鲜鱿鱼 650 克。

辅料：熟鲜笋肉 50 克、浸发香菇 20 克、红辣椒 10 克、葱段 20 克、青椒 100 克。

调料：味精 2 克、鱼露 7 克、湿生粉 8 克、胡椒粉 1 克、香麻油 3 克、花生油少量。

二、制作方法

（1）将鲜鱿鱼洗净后去掉内脏和膜，用刀剞上麦穗花刀①（原料的一种刀工处理方法），再切成锐角三角形块备用，将香菇、红辣椒、青椒洗净后切成锐角三角形块，熟鲜笋肉切成笋花②备用。

（2）取一小碗，加入湿生粉、清水或上汤拌匀，再加入味精、鱼露、胡椒粉、香麻油调成对碗芡汁备用。

（3）将改好刀的鱿鱼飞水，捞起滤干水分，再倒入150℃油锅中拉油，捞起滤干油备用。

（4）将改好刀的青椒、笋花分别拉油备用。

（5）用中火烧热炒锅，下少量油，放入葱、香菇、红辣椒炒香，再放入鱿鱼、青椒爆炒20秒，浇入对碗芡汁翻炒均匀，起锅装盘即可。

三、菜肴主要营养成分

炒麦穗花鱿主要营养成分一览表

营养素名称	含量	营养素名称	含量
能量	340.02 kcal	蛋白质	57.51 g
脂肪	5.29 g	碳水化合物	18.64 g
饱和脂肪	0.07 g	钙	169.38 mg
铁	3.56 mg	锌	7.62 mg
钠	889.3 mg	钾	910.7 mg
磷	76.24 mg	胡萝卜素	385.49 μg
维生素 A	119.23 μgRE	维生素 C	74.25 mg
维生素 E	5.12 mgα－TE	膳食纤维	4.49 g
胆固醇	804 mg		

---

① 麦穗花刀是剞花刀中的一种刀法，是指原料通过花刀处理后烹调肌肉受热收缩卷成麦穗形。

② 笋花是以笋为辅料进行加工的一种常用方法，能起到美化菜肴的作用，先将笋肉煮熟，用刀切成不同形状的平面图案，再切成片状即可。

潮州鱼饭

一、材料

主料: 巴浪鱼 2 000 克或秋刀鱼 2 000 克。

辅料: 盐适量、普宁豆酱 20 克。

二、制作方法

(1) 制作鱼汤 (煮鱼时鱼汤能够很快渗入鱼肉里面, 使鱼均匀受热), 所谓鱼汤就是盐水, 在大锅里放入水, 再按 10∶1 的比例加盐, 然后烧沸。

(2) 将鱼洗净摆在鱼篮中 (将鱼摆在鱼篮中时要注意, 每摆一层鱼都要在鱼皮表面均匀地撒上一层粗盐, 然后再交叉地放上一层鱼, 再撒粗盐, 这样可以使鱼与鱼之间有空隙, 摆鱼时, 还要注意鱼尾在中间, 鱼头在边沿),

放进烧沸的鱼汤里面煮，直到鱼眼珠突出或用手按鱼肉有弹性即可。

（3）鱼熟取出时，必须用鱼汤洗掉鱼表面的泡沫，使鱼身洁净、美观，整篮鱼取出后必须斜放，使鱼篮里面的鱼汤迅速流出，等鱼放凉后配上普宁豆酱即可食用。

三、菜肴主要营养成分

潮州鱼饭主要营养成分一览表

营养素名称	含量	营养素名称	含量
能量	741 kcal	蛋白质	111.6 g
脂肪	21 g	碳水化合物	29.4 g
饱和脂肪	0 g	钙	330.3 mg
铁	10.8 mg	锌	5.22 mg
钠	489.6 mg	钾	1 290.72 mg
磷	1 146.3 mg	胡萝卜素	0 μg
维生素 A	6.6 μgRE	维生素 C	0 mg
维生素 E	3 mgα – TE	膳食纤维	0 g
胆固醇	468 mg		

巴浪鱼，学名蓝圆鲹，是鲈形目鲹科圆鲹属的一种，是经济鱼类之一，主要分布在东海和南海。潮汕的渔民喜欢将这种鱼制成"鱼饭"，但是"鱼饭"不是饭，也不是鱼加饭。早期潮汕渔船在海上保鲜条件差，渔民为了将量大、经济价值较低的巴浪鱼保鲜，就将巴浪鱼用盐水煮熟。同时早期潮汕渔民在海上的生活物质较为缺乏，主要是吃自己打捞上来的海鲜，他们发现直接用盐水煮熟的巴浪鱼放凉后味道非常鲜美，可以当饭吃，所以潮汕渔民就将这种做法而成的鱼称为"鱼饭"。

酥脆枇杷虾

一、材料

主料：鲜虾仁 300 克。

辅料：白膘肉 30 克、荸荠 50 克、甘蔗 250 克、鸡蛋清 35 克、面包糠 150 克、沙拉酱 15 克。

调料：盐 5 克、味精 1 克、胡椒粉 1 克、沙拉酱 20 克、花生油适量。

二、制作方法

（1）白膘肉切成丁备用，荸荠切成细丁再挤掉水分备用。

（2）将虾仁洗净，吸干水分，拍成虾泥，加入白肉丁、荸荠丁、鸡蛋清搅拌均匀，调入适量的盐、味精、胡椒粉拍打成虾胶备用。

（3）将甘蔗切成4厘米长的段，去皮，切成长4厘米、直径为0.5厘米的圆柱体备用，将20克虾胶做成的枇杷形，插入切好的甘蔗条做枇杷柄，将做好的枇杷虾粘上鸡蛋液再裹一层面包糠备用。

（4）炒锅洗净，加入适量的油，用大火加热，当油温烧至四成热时，逐一放入枇杷虾炸至色泽金黄，捞起，提高油温至六成热，放入枇杷虾复炸15秒，捞起滤干油，装盘配上沙拉酱即可。

三、菜肴主要营养成分

酥脆枇杷虾主要营养成分一览表

营养素名称	含量	营养素名称	含量
能量	1 530. 52 kcal	蛋白质	77. 26 g
脂肪	79. 5 g	碳水化合物	124. 59 g
饱和脂肪	2. 41 g	钙	2 015. 77 mg
铁	33. 85 mg	锌	11. 7 mg
钠	18 167. 65 mg	钾	1 691. 98 mg
磷	2 008. 18 mg	胡萝卜素	0. 6 μg
维生素 A	71. 14 μgRE	维生素 C	0 mg
维生素 E	4. 46 mgα - TE	膳食纤维	5. 04 g
胆固醇	1 610. 42 mg		

潮州蚝烙

一、材料

主料：鲜蚝 300 克。

辅料：鸭蛋 60 克、葱白 15 克、地瓜粉 80 克、芫荽 15 克。

调料：味精 2 克、鱼露 15 克、辣椒酱 5 克、胡椒粉 0.5 克、猪油
少量。

二、制作方法

（1）先用清水将鲜蚝淘洗干净（注意要去尽蚝的残壳），捞起蚝滤干水备用。

（2）将地瓜粉和清水（按 2:1 比例）调成粉浆，将葱白①切成细粒放入浆中，同时加入鲜蚝、味精、鱼露（5 克）、辣椒酱搅匀备用。

（3）用旺火烧热平底锅，加入少许猪油，用热油润锅，待油温升至 150℃时，将稀浆搅匀倒入锅中煎制，待成形后把鸭蛋去壳打散淋在蚝煎上面，加入少量猪油继续煎烙，煎至蚝烙的上下两面酥脆和色泽金黄为止，将蚝烙盛入盘中，拌上芫荽，配上酱碟（鱼露 10 克撒上 0.5 克胡椒粉制成酱碟）即可。

三、菜肴主要营养成分

潮州蚝烙主要营养成分一览表

营养素名称	含量	营养素名称	含量
能量	444.09 kcal	蛋白质	40 g
脂肪	29.43 g	碳水化合物	4.03 g
饱和脂肪	1.85 g	钙	168.96 mg
铁	15.96 mg	锌	213.83 mg
钠	2 486.97 mg	钾	1 194.53 mg
磷	311.89 mg	胡萝卜素	165.33 μg
维生素 A	45.37 μgRE	维生素 C	6.6 mg
维生素 E	5.03 mgα－TE	膳食纤维	0.44 g
胆固醇	747.7 mg		

---

① 葱白就是指葱茎。

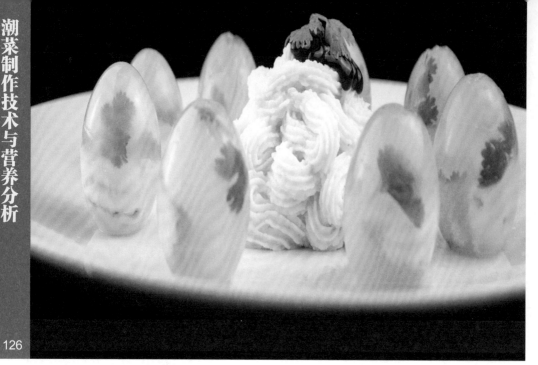

水晶虾球

一、材料

主料：鲜虾 350 克。

辅料：猪皮 500 克、老鸡 500 克、罗拔臣鱼胶粉 20 克、高级清汤 600 克、芫荽 25 克、姜 10 克、葱 10 克。

调料：盐 3 克、鱼露 5 克、味精 1 克、胡椒粉 1 克、料酒 10 克、湿生粉 5 克。

二、制作方法

（1）将虾去壳，从背部划一刀去掉虾肠，用姜葱汁、料酒各 5 克、盐 3 克、湿生粉 5 克腌制 10 分钟，再放入四成热的油锅滑油至熟，捞起虾仁滤干油备用。

（2）把猪皮、老鸡洗净，用姜、葱、料酒各 5 克飞水去掉血污，漂洗干净，倒入高级清汤中，用慢火煮至糜烂，过筛滤出汤备用。

（3）将汤重新倒回锅中小火煮开，鱼胶粉用适量冷水搅拌均匀，倒入汤中煮开，调入鱼露、味精、胡椒粉搅拌均匀，盛起冷却至 60℃ 备用。

（4）取 12 个模具（可用鸡蛋壳），逐一放入虾球、芫荽，倒入猪皮汤放凉，把水晶虾球放进冰箱冷藏两个小时，取出虾球去掉模具，装盘即可。

三、菜肴主要营养成分

水晶虾球主要营养成分一览表

营养素名称	含量	营养素名称	含量
能量	3 416.62 kcal	蛋白质	288.23 g
脂肪	237.27 g	碳水化合物	32.94 g
饱和脂肪	0 g	钙	113.46 mg
铁	15.29 mg	锌	10.95 mg
钠	2 282.88 mg	钾	1 788.98 mg
磷	805.63 mg	胡萝卜素	374.55 μg
维生素 A	758.53 μgRE	维生素 C	0 mg
维生素 E	7 mgα - TE	膳食纤维	0 g
胆固醇	1 331.15 mg		

翡翠虾仁

一、材料

主料：鲜虾 600 克。

辅料：韭菜 300 克、姜 10 克、葱 10 克、高级清汤 50 克。

调料：盐 6 克、味精 2 克、胡椒粉 1 克、料酒 5 克、湿生粉 5 克、花
生油适量。

二、制作方法

（1）把韭菜洗净，去茎留叶切成小段，放入搅拌机内，加入适量的清水打成韭菜汁，滤去渣备用。

（2）鲜虾洗净，去掉头和壳，剥成虾仁，在虾仁背上开上一刀（约 3/4 深）去掉虾肠，用姜、葱、料酒腌制 5 分钟，加入少量的盐搅拌均匀，使虾仁开始发黏起胶，再加入少量的韭菜汁和少量的湿生粉抓拌均匀，腌制 10 分钟备用。

（3）炒锅洗净倒入适量的食用油，用大火加热，当油温升至五成热时，倒入虾仁滑油，滑到虾仁白里透红时（九成熟）捞起虾仁滤干油备用。

（4）炒锅洗净，加入高级清汤、韭菜汁、盐、味精、胡椒粉用小火煮开，勾入薄芡，倒入虾仁翻炒均匀，出锅装盘即可。

三、菜肴主要营养成分

翡翠虾仁主要营养成分一览表

营养素名称	含量	营养素名称	含量
能量	600.1 kcal	蛋白质	105.85 g
脂肪	6.58 g	碳水化合物	34.11 g
饱和脂肪	0 g	钙	449.29 mg
铁	12.78 mg	锌	13.38 mg
钠	3 385.88 mg	钾	1 853.3 mg
磷	1 261.62 mg	胡萝卜素	4 318.45 μg
维生素 A	799.08 μgRE	维生素 C	74.21 mg
维生素 E	6.13 mgα-TE	膳食纤维	4.46 g
胆固醇	967 mg		

缠丝凤尾虾

一、材料

主料：鲜对虾 400 克。

辅料：土豆 300 克、鸡蛋液 50 克、姜 10 克、葱 10 克、紫包菜叶 10 片。

调料：盐 5 克、味精 1 克、胡椒粉 1 克、料酒 5 克、卡夫沙律酱 15 克或金橘油 20 克、花生油适量。

二、制作方法

（1）对虾去头剥壳（留最后一节虾壳和尾巴），将虾肉腹部片开（留最后一节不片开）去掉虾肠并剞上十字刀花，加入精盐、味精、料酒、姜葱汁腌制 10 分钟备用。

（2）把土豆去皮切成细丝，放入盐水中浸泡 10 分钟，捞出土豆丝滤干备用，紫包菜修剪成树叶形状备用。

（3）用干净的布吸干虾仁的水分，将虾仁逐一裹上鸡蛋液后粘上土豆丝，放入五成热的油锅中炸至定型，捞出，把油温提高至六成热放入虾仁复炸 15 秒，捞起虾仁滤干油装盘（紫包菜垫底），配上卡夫沙律酱或金橘油即可。

三、菜肴主要营养成分

缠丝凤尾虾主要营养成分一览表

营养素名称	含量	营养素名称	含量
能量	773.04 kcal	蛋白质	91.84 g
脂肪	12.02 g	碳水化合物	85.6 g
饱和脂肪	0.44 g	钙	502.62 mg
铁	10.97 mg	锌	11.72 mg
钠	2 981.52 mg	钾	2 498.9 mg
磷	1 193.63 mg	胡萝卜素	174.49 μg
维生素 A	248.37 μgRE	维生素 C	161.24 mg
维生素 E	4.27 mgα – TE	膳食纤维	11.53 g
胆固醇	1 070 mg		

奇妙虾串

一、材料

主料：鲜大虾 12 条（约 400 克）。

辅料：龙口粉丝 50 克、柠檬 1 个、姜 10 克、葱 10 克、生粉 30 克、吉士粉 5 克。

调料：盐 3 克、蜂蜜 10 克、料酒 10 克、卡夫奇妙酱 100 克、花生油适量。

二、制作方法

（1）鲜大虾去掉虾枪和虾壳（留虾尾），用姜、葱、料酒、盐腌制10分钟，用竹签把腌制好的鲜虾从尾部到头部逐一串好备用。

（2）柠檬汁挤入卡夫奇妙酱中，再加入蜂蜜搅拌均匀，装入裱花袋中备用。

（3）生粉和吉士粉混合均匀，在鲜虾表层拍上薄薄的一层混合粉备用。

（4）炒锅洗净倒入适量的油，用大火加热，当油温升至五成热时，把粉丝先弄散放到热油中炸至蓬松，捞起粉丝滤干油垫在盘底，再等油温升至六成热，放入虾炸熟至表面微干，捞起滤干油，将虾串整齐平摆在炸好的粉丝上面，用裱花袋将调好的奇妙酱均匀（挤成渔网型）挤在虾的表面即可。

三、菜肴主要营养成分

奇妙虾串主要营养成分一览表

营养素名称	含量	营养素名称	含量
能量	1 237.91 kcal	蛋白质	78.07 g
脂肪	82.55 g	碳水化合物	46.08 g
饱和脂肪	0 g	钙	277.76 mg
铁	7.5 mg	锌	10.18 mg
钠	2 602.86 mg	钾	1 080.95 mg
磷	997.86 mg	胡萝卜素	83.89 μg
维生素 A	164.98 μgRE	维生素 C	4.16 mg
维生素 E	80.36 mgα-TE	膳食纤维	0.28 g
胆固醇	773.6 mg		

伊面蒸膏蟹

一、材料

主料：膏蟹 2 只（约 600 克）、速食面 300 克。

辅料：姜片 5 克、葱段 5 克。

调料：精盐 6 克、味精 2 克、胡椒粉 1 克、香麻油 1 克、湿生粉
5 克。

二、制作方法

（1）杀蟹，剥开蟹腹下方的脐，从脐部位掀开蟹壳去掉里边的腮，用刷子刷去腮根部黑色物质，砍下两只蟹钳，在蟹钳中间关节部位下刀，将蟹钳分成两段，用刀背轻敲使蟹钳的壳裂开，切去蟹嘴部和脚尖的茸毛，顺着蟹身骨架纹路顺向切两刀，横向切一刀，将蟹身均匀地分成六块，蟹壳削平并去除胃部，将整只蟹杀好后，洗净晾干备用。

（2）将速食面用温水泡散（泡速食面的水温不能太高，保持速食面的干爽），捞起滤干，加入部分精盐和味精拌匀，摆在盘子里面，将处理好的蟹沿着盘子的边缘整齐地摆在速食面的上面，放上姜片、葱段，均匀地撒上少量的精盐和味精，放到蒸笼中大火蒸6分钟取出，捡去姜片、葱段，滤出原汁备用。

（3）炒锅洗净倒入原汁，用小火加热，调入精盐、味精、胡椒粉、香麻油搅匀，用湿生粉勾薄芡均匀地淋在蟹和面上即可。

三、菜肴主要营养成分

伊面蒸膏蟹主要营养成分一览表

营养素名称	含量	营养素名称	含量
能量	1 378.49 kcal	蛋白质	113.22 g
脂肪	13.76 g	碳水化合物	202.04 g
饱和脂肪	0 g	钙	1 413.55 mg
铁	16.74 mg	锌	30.51 mg
钠	3 371.69 mg	钾	1 673.84 mg
磷	2 067.09 mg	胡萝卜素	14 481.01 μg
维生素 A	2 429.44 μgRE	维生素 C	2.21 mg
维生素 E	19.99 mgα – TE	膳食纤维	2.63 g
胆固醇	712.8 mg		

潮汕地区常说的膏蟹和肉蟹学名叫锯缘青蟹，又称为赤蟹，是我国十大名蟹之一，膏蟹就是卵巢最丰满的雌蟹，雄蟹与未受精的母蟹统称"肉蟹"。膏蟹，腿粗肉厚，膏满脂丰，清蒸之后鲜美异常。

凉拌海蜇丝

一、材料

主料：鲜海蜇头 300 克。

辅料：蒜头 30 克、红辣椒 10 克、芫荽 15 克、姜片 10 克、葱白 10 克。

调料：盐 5 克、白糖 3 克、味极鲜 10 克、陈醋 10 克、辣椒油 6 克、料酒 5 克、香麻油 10 克。

二、制作方法

（1）将蒜头、红辣椒、芫荽分别洗净改刀，蒜头切成薄片、红辣椒切成丝、芫荽切成段备用。

（2）海蜇头去掉杂物切成粗丝，放入沸水中，加入姜片、葱段、料酒焯水至熟，捞起海蜇丝放到冰水中漂凉，捞起滤干备用。

（3）取一小碗，放入蒜片、红辣椒丝、芫荽段、盐、白糖、味极鲜、陈醋、辣椒油、香麻油，搅拌均匀调成酱汁备用。

（4）将滤干水分的海蜇丝放入干净的汤盆中，倒入酱汁搅拌均匀腌制10分钟，倒出海蜇丝，滤掉部分酱汁再装盘即可。

三、菜肴主要营养成分

凉拌海蜇丝主要营养成分一览表

营养素名称	含量	营养素名称	含量
能量	441.19 kcal	蛋白质	21.37 g
脂肪	17.12 g	碳水化合物	51.5 g
饱和脂肪	0 g	钙	415.92 mg
铁	18.09 mg	锌	2.67 mg
钠	3 724.8 mg	钾	1 237.02 mg
磷	128.61 mg	胡萝卜素	280.4 μg
维生素 A	88.68 μgRE	维生素 C	11.39 mg
维生素 E	21.18 mgα–TE	膳食纤维	0.87 g
胆固醇	30 mg		

蒜蓉蒸大虾

一、材料

主料：鲜大虾400克。

辅料：蒜头100克、天津冬菜10克、红椒5克。

调料：盐6克、味精2克、胡椒粉1克、香麻油2克、花生油适量。

二、制作方法

（1）将蒜头、冬菜、红椒分别剁成蓉备用，拿一半蒜蓉放在少量的油中炸成金黄色，连同油一起和另外一半生蒜蓉混合均匀，加入冬菜末、红椒末、盐、味精、胡椒粉、香麻油搅拌均匀调成蒜蓉酱备用。

（2）剪掉虾枪和虾脚，用刀在虾背划一刀，深度至腹部，去掉虾肠，虾尾从腹部往虾背卷360°，摆在盘里备用。

（3）将摆好的大虾均匀淋上蒜蓉酱，入蒸炉大火蒸5分钟，取出上菜即可。

三、菜肴主要营养成分

蒜蓉蒸大虾主要营养成分一览表

营养素名称	含量	营养素名称	含量
能量	527.49 kcal	蛋白质	80.55 g
脂肪	5.56 g	碳水化合物	40.53 g
饱和脂肪	0 g	钙	303.2 mg
铁	8.35 mg	锌	10.73 mg
钠	3 530.63 mg	钾	1 206.91 mg
磷	1 031.18 mg	胡萝卜素	36.5 μg
维生素 A	70.2 μgRE	维生素 C	6.6 mg
维生素 E	5.43 mgα – TE	膳食纤维	1.38 g
胆固醇	773.6 mg		

芋泥酿海参

一、材料

主料：水发海参10条（约600克）。

辅料：香芋400克、湿香菇30克、干贝20克、高汤300克、姜10克、葱10克、土豆丝200克、生粉25克。

调料：盐6克、味精2克、胡椒粉1克、酱油10克、葱油15克、料酒10克、花生油适量、蚝油若干。

二、制作方法

（1）先将水发海参用姜、葱、料酒爆炒除去杂味，倒出海参漂洗干净备用。

（2）炒锅洗净放入少量油，放入香菇用小火煸香，加入海参、干贝、高汤、蚝油、酱油、味精，用大火烧开后用文火煨炖至海参入味，捞起海参晾干备用。

（3）香芋切块蒸熟压成泥，放入精盐、胡椒粉、味精、葱油①，在锅里炒香制成芋泥，酿入焖好的海参中（酿的时候不能太饱满，防止炸的过程中芋泥爆出），将酿好的海参外边拍上一层薄薄的生粉备用。

（4）炒锅洗净加入适量花生油，用大火加热，当油温升至五成热时把拍好生粉的海参逐条放入油锅里炸，当海参表面微赤微干时捞出海参滤干油，把土豆丝放入油锅中炸至色泽金黄，捞起滤干油，铺在盘子上，再放上海参即可。

三、菜肴主要营养成分

芋泥酿海参主要营养成分一览表

营养素名称	含量	营养素名称	含量
能量	1 240.94 kcal	蛋白质	58.93 g
脂肪	63.55 g	碳水化合物	112.73 g
饱和脂肪	0 g	钙	1 803.07 mg
铁	83.93 mg	锌	6.43 mg
钠	6 297.58 mg	钾	1 314.31 mg
磷	574.43 mg	胡萝卜素	201.89 μg
维生素 A	33.84 μgRE	维生素 C	63.43 mg
维生素 E	19.89 mgα – TE	膳食纤维	2.41 g
胆固醇	370.09 mg		

---

① 葱油是指加入葱花煸炒过的油，使油具有葱香的味道。

小米粥油浸海鲜

一、材料

主料：小米 500 克、鲜虾 200 克、鲜鱿鱼 150 克、小象拔蚌 150 克。

辅料：姜 10 克、香芹 15 克。

调料：食用油 10 克、盐 3 克、鱼露 3 克、味精 2 克、胡椒粉 1 克、香麻油 2 克。

二、制作方法

（1）将小米洗净浸泡备用，姜切成丝备用，香芹切成粒备用，鲜虾去壳留尾，片成虾仁，去掉虾肠备用，鲜鱿鱼去掉内脏和外膜，剞上麦穗花刀备用、小象拔蚌去壳取肉，片成薄片再剞上十字花刀备用。

（2）取一干净锅倒入 1 000 毫升的纯净水，猛火煮开，倒入小米煮开，用中火煮至米浆黏稠（不断地搅拌），用密格筛滤出粥油备用。

（3）把粥油倒入一干净的砂煲中，煮开，放入姜丝、鲜虾、鲜鱿鱼、小象拔蚌煮 1 分钟，再调入食用油、盐、鱼露、味精、胡椒粉、香麻油、香芹即可。

三、菜肴主要营养成分

小米粥油浸海鲜主要营养成分一览表

营养素名称	含量	营养素名称	含量
能量	2 271.67 kcal	蛋白质	114.13 g
脂肪	36.25 g	碳水化合物	395.91 g
饱和脂肪	0 g	钙	450.41 mg
铁	23.03 mg	锌	37.88 mg
钠	2 720.29 mg	钾	2 350.11 mg
磷	1 539.51 mg	胡萝卜素	3.3 μg
维生素 A	56.55 μgRE	维生素 C	0.51 mg
维生素 E	40.15 mgα－TE	膳食纤维	21.82 g
胆固醇	596.14 mg		

香煎银鲳鱼

一、材料

主料：银鲳鱼 1 条（600 克）。

辅料：姜 15 克、葱 15 克。

调料：牛油 10 克、美极酱油 10 克、柠檬汁 5 克、盐 5 克、味精 2
克、料酒 8 克、白葡萄酒 5 克。

二、制作方法

（1）将银鲳鱼去鳃、去鳞、去内脏，洗净，用斜刀将鱼均匀切成 5 块（鱼身和刀的角度约 45°），再加入姜葱汁、料酒、盐、味精，腌制 30 分钟，取出鱼块滤干水分备用。

（2）平底锅加入适量的牛油，烧热，用中小火把银鲳鱼煎至两面断生①、色泽金黄，洒入白葡萄酒（可以去腥、增香，还可以加快鱼的成熟）、美极柠檬汁（美极酱油和柠檬汁）继续煎至无汤汁，出锅将鱼块重新摆成鱼形即可。

三、菜肴主要营养成分

香煎银鲳鱼主要营养成分一览表

营养素名称	含量	营养素名称	含量
能量	946.02 kcal	蛋白质	109.61 g
脂肪	53.35 g	碳水化合物	3.04 g
饱和脂肪	0 g	钙	305.04 mg
铁	8.57 mg	锌	5.78 mg
钠	2 765.56 mg	钾	2 041.47 mg
磷	938.31 mg	胡萝卜素	125.84 μg
维生素 A	169.25 μgRE	维生素 C	4.42 mg
维生素 E	8.33 mgα–TE	膳食纤维	0 g
胆固醇	474.9 mg		

---

① 两面断生是指原料在煎制的过程中不再有血水冒出。

白灼脆皮虾

一、材料

主料：大鲜虾 500 克。

辅料：生粉 100 克。

调料：味精 3 克、胡椒粉 1 克、鱼露 5 克、食用油 5 克、香麻油
适量。

二、制作方法

（1）鲜虾去头、去壳、留尾，沿着虾背切开（深度约2/3），去虾肠，将虾洗净吸干水分，拍上一层较厚的生粉备用。

（2）砧板擦干净，撒上一层生粉，把虾放在砧板上逐条用擀面杖均匀敲打，把虾敲成扁平状的大虾片备用。

（3）取一10寸的不锈钢盆，加入鱼露、胡椒粉、味精、香麻油，把不锈钢盆放在热水上，通过水温的热传递使味精受热融化，再加入食用油拌匀，调成酱汁备用。

（4）锅内倒入3 000克清水（锅中的水量要多，才不会导致虾下锅时水温快速下降，使虾表层的生粉无法快速糊化而影响虾的口感）用大火烧沸，虾片快速下锅烫熟，约30秒，捞出滤干水分，倒入装有酱汁的不锈钢盆中拌匀，再滤干多余酱汁即可。

三、菜肴主要营养成分

白灼脆皮虾主要营养成分一览表

营养素名称	含量	营养素名称	含量
能量	661.92 kcal	蛋白质	94.71 g
脂肪	6.33 g	碳水化合物	56.52 g
饱和脂肪	0 g	钙	325.25 mg
铁	8.56 mg	锌	12.02 mg
钠	1 376.77 mg	钾	1 092.4 mg
磷	1 160.35 mg	胡萝卜素	0.6 μg
维生素 A	80.1 μgRE	维生素 C	0 mg
维生素 E	4.57 mgα－TE	膳食纤维	0 g
胆固醇	967 mg		

秘制冰鲍

一、材料

主料：澳洲鲜鲍鱼 1 头（约 800 克）。

辅料：老母鸡 1 000 克、瘦猪肉 500 克、猪蹄 500 克、火腿 50 克、姜片 15 克、葱段 10 克、芫荽头 20 克。

调料：上汤 800 克、精盐 15 克、味精 5 克、冰糖 20 克、绍酒 10 克、花生油适量。

二、制作方法

（1）把鲜鲍鱼去壳、去内脏，冲洗干净，放入加有姜、葱、绍酒的沸水锅中飞水，再漂洗干净，放入瓷器容器中（鲍鱼在煲制或蒸制的时候不能用铁制和铜制容器，否则鲍鱼易变色）备用。

（2）把老母鸡、瘦猪肉、猪蹄、火腿切成块，下锅飞水去掉血污，捞起用清水漂洗干净。

（3）炒锅洗净倒入适量的油，用大火加热，当油温升至六成热时，倒入飞过水的辅料拉油增香，再将辅料倒入装有鲍鱼的瓷器容器中，加入上汤、姜、葱、芫荽头，用保鲜纸密封，放到蒸笼中大火蒸四个小时，再加入精盐、味精、冰糖继续蒸两个小时，取出放凉，再整锅（连容器）放到冰箱中冰镇一晚，第二天取出鲍鱼即可食用。

三、菜肴主要营养成分

秘制冰鲍主要营养成分一览表

营养素名称	含量	营养素名称	含量
能量	7 536.63 kcal	蛋白质	657.08 g
脂肪	434.52 g	碳水化合物	249.29 g
饱和脂肪	0 g	钙	1 331.52 mg
铁	135.19 mg	锌	53.2 mg
钠	17 698.67 mg	钾	6 287.35 mg
磷	3 079.31 mg	胡萝卜素	315.94 μg
维生素 A	2 004.98 μgRE	维生素 C	0 mg
维生素 E	28.76 mgα-TE	膳食纤维	0 g
胆固醇	4 588.55 mg		

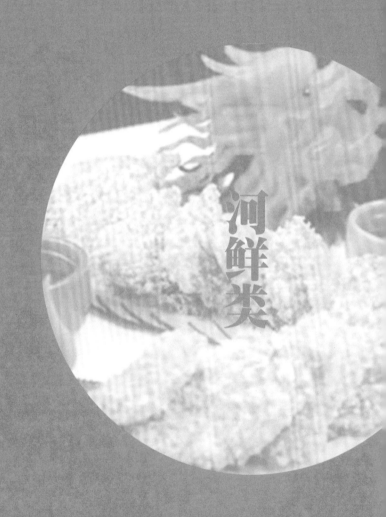

河鲜类

红焖甲鱼

一、材料

主料：甲鱼1只（约500克）。

辅料：五花肉30克、浸发香菇30克、炸蒜肉10克、姜片10克、红椒块15克。

调料：精盐5克、味精2克、胡椒粉0.5克、香麻油0.5克、蚝油10克、老抽2克、绍酒10克、湿生粉3克、上汤350克、花生油适量。

二、制作方法

（1）将活甲鱼放到70℃温水中烫，去掉甲鱼表面的黑膜，开膛去内脏和脂肪，将甲鱼剁成块，放入沸水中飞水，去掉血污，捞起放入清水中漂洗干净备用，五花肉切成3毫米厚的片备用，香菇去蒂切成片备用。

（2）炒锅洗净，倒入花生油，用中火加热，当油温烧热至五成热时放入甲鱼炸约1分钟，捞起滤干油备用，将炒锅洗净放回炉上，下肉片、姜片、香菇、红椒块煸炒，倒入甲鱼，烹入绍酒，加上汤、精盐、蚝油、味精、老抽烧至微沸，将甲鱼连汤汁倒入砂锅内，将砂锅放在平头炉上用中小火焖约20分钟，下炸蒜肉再焖约10分钟，关火备用。

（3）将焖好的甲鱼再倒回炒锅中，用中火加热，加入胡椒粉、香麻油、用湿生粉勾芡快速炒匀，出锅装盘即可。

三、菜肴主要营养成分

红焖甲鱼主要营养成分一览表

营养素名称	含量	营养素名称	含量
能量	906.85 kcal	蛋白质	117.32 g
脂肪	39.06 g	碳水化合物	22.5 g
饱和脂肪	0 g	钙	367.01 mg
铁	14.82 mg	锌	12.13 mg
钠	2 256 mg	钾	1 094.31 mg
磷	622.81 mg	胡萝卜素	4.34 μg
维生素 A	697.24 μgRE	维生素 C	1.3 mg
维生素 E	9.64 mgα – TE	膳食纤维	0.88 g
胆固醇	526.78 mg		

香脆椰蓉鱼

一、材料

主料：草鱼 250 克。

辅料：面包糠 100 克、椰蓉 50 克、姜 15 克、葱 10 克、鸡蛋液 25 克。

调料：花生酱 50 克、椰浆 50 克、炼奶 20 克、盐 5 克、味精 2 克、料酒 10 克、花生油适量。

二、制作方法

（1）把花生酱、椰浆、炼奶混合一起搅拌均匀，调成酱汁备用。

（2）将草鱼去骨、去皮，横着鱼肉的肌肉条纹切成长5厘米、厚5毫米的鱼片，在鱼片表面轻轻剞上十字刀花，用姜、葱、料酒、盐、味精腌制10分钟备用。

（3）将腌制好的鱼片均匀地蘸上鸡蛋液（鸡蛋液先搅拌均匀），逐片裹上面包糠，放入四成热的油温中炸至色泽金黄和表面酥脆，捞出，将油温加热至六七成热，把鱼片放入锅中复炸15秒，捞起鱼片滤干油备用。

（4）将炸好的鱼片逐一抹上一层酱汁，再蘸上椰蓉即可。

155

三、菜肴主要营养成分

香脆椰蓉鱼主要营养成分一览表

营养素名称	含量	营养素名称	含量
能量	1 381.17 kcal	蛋白质	66.39 g
脂肪	78.19 g	碳水化合物	108.56 g
饱和脂肪	27.71 g	钙	441.85 mg
铁	6.5 mg	锌	4.06 mg
钠	4 393.47 mg	钾	900.02 mg
磷	602.42 mg	胡萝卜素	83.89 μg
维生素 A	89.06 μgRE	维生素 C	2.32 mg
维生素 E	6.67 mgα－TE	膳食纤维	9.69 g
胆固醇	367.2 mg		

橄榄糁蒸鲫鱼

一、材料

主料：鲫鱼 1 条（约 600 克）。

辅料：潮州橄榄糁 20 克、姜片 10 克、葱段 10 克、葱丝 10 克、姜丝 10 克、紫色菜丝 10 克。

调料：精盐 5 克、味精 2 克、绍酒 5 克、花生油少量。

二、制作方法

（1）将鲫鱼的鳃、鳞、内脏去掉，用绍酒、姜葱汁、精盐腌制 10 分钟备用。

（2）将鲫鱼放在鱼盘上，用两根筷子把鱼架起来，使鲫鱼和盘子之间形成一定的空间（有利于蒸气的对流使鱼受热均匀），将橄榄糁和味精均匀撒在鲫鱼表面，把鲫鱼放到蒸笼中大火蒸 7 分钟，取出鲫鱼，拔掉筷子，滤干盘中汤汁淋上适量的热油，再摆上葱丝、姜丝、紫色菜丝做装饰即可。

三、菜肴主要营养成分

橄榄糁蒸鲫鱼主要营养成分一览表

营养素名称	含量	营养素名称	含量
能量	552.49 kcal	蛋白质	106.25 g
脂肪	9.86 g	碳水化合物	8.65 g
饱和脂肪	0 g	钙	495.96 mg
铁	8.19 mg	锌	3.43 mg
钠	2 390.67 mg	钾	1 775.24 mg
磷	949.85 mg	胡萝卜素	110.09 μg
维生素 A	18.48 μgRE	维生素 C	3.01 mg
维生素 E	2.09 mgα－TE	膳食纤维	1.14 g
胆固醇	126 mg		

秋菊送爽

一、材料

主料：大鮀鱼中段 1 000 克。

辅料：姜 15 克、葱 15 克、吉士粉 50 克、干生粉 500 克、湿生粉 8 克。

调料：浓缩橙汁 50 克、盐 3 克、白糖 30 克、白醋 15 克、料酒 5 克、花生油适量。

二、制作方法

（1）将鱼肉排刺去掉，修整鱼肉，去掉肉比较薄的部分使鱼的整块厚度相同，将修好的鱼肉皮朝下肉朝上均匀地剞上菊花花刀①备用。

（2）将剞好的菊花鱼胚加盐、姜葱汁、料酒腌制15分钟，滤干水分，拍上干生粉和吉士粉（加入吉士粉调颜色），注意每个花瓣都需要上粉均匀，倒过鱼肉抖掉多余的粉备用。

（3）炒锅洗净倒入适量的油，用大火加热，当油温升至五成热时放菊花鱼（菊花鱼块下锅前应用牙签将四周串起来使其像一朵盛开的菊花，炸好后取下牙签）炸至八成熟，捞起，继续加热，当油温升至七成热时放入菊花鱼块炸至色泽金黄，捞起菊花鱼滤干油装盘备用。

（4）炒锅洗净，倒入浓缩橙汁、30克清水、白糖，用小火加热，烧开后加入白醋，快速用湿生粉勾浓芡，部分芡汁淋在菊花鱼块上，部分芡汁装入小碟中成酱碟即可。

三、菜肴主要营养成分

秋菊送爽主要营养成分一览表

营养素名称	含量	营养素名称	含量
能量	2 141.94 kcal	蛋白质	134.64 g
脂肪	42.57 g	碳水化合物	305.55 g
饱和脂肪	0 g	钙	401.33 mg
铁	13.09 mg	锌	7.36 mg
钠	2 017.75 mg	钾	2 707.38 mg
磷	1 751.94 mg	胡萝卜素	448.89 μg
维生素 A	160.42 μgRE	维生素 C	42.32 mg
维生素 E	16.07 mgα – TE	膳食纤维	0 g
胆固醇	684 mg		

---

① 菊花花刀是剞花刀中的一种刀法，原料通过菊花花刀处理再拍上干粉，放到油中炸后原料受热收缩，形成菊花状。

湿煎鲫鱼

一、材料

主料：鲫鱼 1 条（约 500 克）。

辅料：姜片 10 克、葱段 10 克。

调料：料酒 10 克、盐 3 克、味精 2 克、唥汁 4 克、生抽 10 克、生粉 28 克、花生油适量。

二、制作方法

（1）将鲫鱼去鳃、去内脏、去鳞，洗净，在鱼身上进行斜刀花刀处理（鱼身和刀的角度约45°），再加入姜葱汁、料酒、盐（大概用3克）、味精、生抽（大概用5克）腌制15分钟备用。

（2）将腌制好的鲫鱼正反面拍上薄薄的一层生粉（大概用20克），戳破鱼眼备用（防止在煎的过程中鱼的眼球受热爆出溅伤人）。

（3）将味精、生抽、喼汁、生粉8克、清水20克调成对碗芡备用。

（4）锅洗净用大火加热，加少许油润锅，重新加入冷油，油量大概为鱼厚度的1/3，当油温达四五成热时调小火力，将鱼沿着锅滑入煎制，不断旋锅使鱼均匀受热，当鱼煎至五成熟时翻转鱼身继续煎，来回翻转4次煎至色泽金黄、鱼身较干硬时，将锅中的油倒出，将对碗芡淋于鱼的表面，调大火力，快速旋锅收汁，出锅装盘即可。

三、菜肴主要营养成分

湿煎鲫鱼主要营养成分一览表

营养素名称	含量	营养素名称	含量
能量	544.24 kcal	蛋白质	92.75 g
脂肪	7.9 g	碳水化合物	27.29 g
饱和脂肪	0 g	钙	72.34 mg
铁	5 mg	锌	4.46 mg
钠	2 256.2 mg	钾	1 471.07 mg
磷	811.1 mg	胡萝卜素	41.95 μg
维生素 A	6.99 μgRE	维生素 C	0 mg
维生素 E	9.52 mgα－TE	膳食纤维	0 g
胆固醇	390 mg		

XO 酱炒鱼面

一、材料

主料：鱼肉 600 克（选料可取用淡水鱼和咸水鱼，咸水鱼取"那哥鱼"、"淡甲鱼"，淡水鱼用"鲢鱼"、"鳞鱼"）。

辅料：胡萝卜 50 克、鸡蛋清 20 克、湿生粉 30 克、青葱 15 克。

调料：精盐 6 克、味精 2 克、胡椒粉 1 克、XO 酱 15 克、花生油适量。

二、制作方法

（1）把鱼肉用刀刮成鱼蓉（先将鱼骨拔去），盛入盆中，加入精盐、味精、湿生粉、清水 15 克、鸡蛋清，用手搅拌约 15 分钟至鱼胶黏手不掉（起胶），将鱼胶装入裱花袋中备用。

（2）炒锅洗净加入 3 000 克清水，用大火加热，当水温升至约 70℃时关小火力，用裱花袋将鱼胶挤成鱼面放入锅中浸泡，当面浮起来后捞起鱼面，放到冷水中漂凉，再捞起鱼面滤干水分备用。

（3）将胡萝卜洗净切成丝备用，青葱洗净切成段备用。

（4）炒锅洗净用中火加热，倒入少量油润锅，放胡萝卜炒香，加入盐、味精、XO 酱炒匀，倒入鱼面，加入少量油，炒至鱼面膨胀为止，加入葱段大火炒匀，出锅即可。

三、菜肴主要营养成分

XO 酱炒鱼面主要营养成分一览表

营养素名称	含量	营养素名称	含量
能量	906. 24 kcal	蛋白质	129. 21 g
脂肪	25. 29 g	碳水化合物	40. 53 g
饱和脂肪	0. 09 g	钙	744. 25 mg
铁	3. 28 mg	锌	3. 74 mg
钠	3 506 mg	钾	1 973. 32 mg
磷	964. 47 mg	胡萝卜素	2 130. 48 μg
维生素 A	346. 07 μgRE	维生素 C	10. 3 mg
维生素 E	5. 47 mgα－TE	膳食纤维	1. 2 g
胆固醇	444. 45 mg		

油泡鳜鱼

一、材料

主料：鳜花鱼1尾（约800克）。

辅料：蒜头20克、鲽脯末5克、香芹5克、红椒3克、姜10克、葱10克、鸡蛋清10克、湿生粉5克。

调料：鱼露5克、盐3克、味精2克、胡椒粉1克、香麻油1克、料酒3克、花生油适量。

二、制作方法

（1）将鳜花鱼去鳃、去鳞、去内脏，沿着背鳍贴着鱼骨取出两片鱼肉，用斜刀法顺着鱼肉肌肉条纹将鳜鱼肉切成较厚的鱼片，用姜葱汁、料酒、盐、味精、鸡蛋清将切好的鳜鱼片腌制 10 分钟备用。

（2）将蒜头剁成蓉，香芹、红椒切成末备用。

（3）取小碗 1 个，放入鲽脯末、香芹末、红椒末、鱼露、胡椒粉、香麻油、湿生粉搅拌均匀，调成对碗芡备用。

（4）炒锅洗净倒入适量的油，用中火加热，当油温升至四成热时，滑入腌好的鱼片泡熟，捞起滤干油备用。

（5）炒锅洗净倒入少量的油，用小火加热，放入蒜蓉煸至金黄色（蒜蓉不能烧焦，否则变苦），放入滑熟的鱼片，将对碗芡淋在鱼片上面，翻炒均匀（翻炒时要小心不要弄碎鱼片），起锅装盘即可。

三、菜肴主要营养成分

油泡鳜鱼主要营养成分一览表

营养素名称	含量	营养素名称	含量
能量	720.57 kcal	蛋白质	75.1 g
脂肪	42.16 g	碳水化合物	12.5 g
饱和脂肪	0 g	钙	528.39 mg
铁	8.85 mg	锌	9.08 mg
钠	2 306.42 mg	钾	2 467.15 mg
磷	1 772.38 mg	胡萝卜素	65.33 μg
维生素 A	103.39 μgRE	维生素 C	2.93 mg
维生素 E	8.8 mgα－TE	膳食纤维	0.53 g
胆固醇	988.48 mg		

水蛋浸鲫鱼

一、材料

主料：鲫鱼 600 克、鸡蛋液 150 克。

辅料：高级清汤 450 克、姜 10 克、葱 10 克、红椒丝 5 克。

调料：盐 6 克、味精 2 克、料酒 5 克、花生量适量。

二、制作方法

（1）将鲫鱼放血、去鳞、开膛、去内脏，冲洗干净，用姜、葱、料酒腌制15分钟，放入深盘中备用。

（2）将鸡蛋液搅拌均匀备用，高级清汤煮沸加入盐、味精搅拌均匀，再冲入鸡蛋液中搅拌均匀，倒入装有鲫鱼的深盘中备用（浸过鲫鱼）。

（3）把鲫鱼放入蒸炉中用猛火蒸20分钟，取出，撒上红椒丝，淋上少量热油即可。

三、菜肴主要营养成分

水蛋浸鲫鱼主要营养成分一览表

营养素名称	含量	营养素名称	含量
能量	889.18 kcal	蛋白质	143.95 g
脂肪	30.51 g	碳水化合物	7.73 g
饱和脂肪	0 g	钙	480.74 mg
铁	9.81 mg	锌	4.34 mg
钠	2 966.58 mg	钾	1 627.72 mg
磷	1 053.04 mg	胡萝卜素	83.89 μg
维生素 A	478.68 μgRE	维生素 C	0 mg
维生素 E	3.58 mgα – TE	膳食纤维	0 g
胆固醇	982.5 mg		

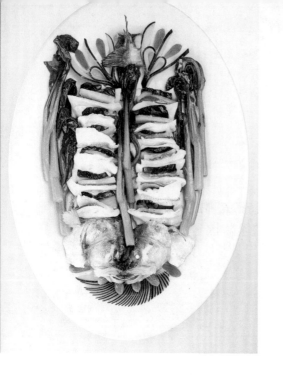

蒸麒麟鱼

一、材料

主料：鲈鱼1条（750克）。

辅料：湿香菇100克、火腿25克、白肉50克、鸡蛋清20克、姜片10克、葱段5克、油菜心6条（约150克）。

调料：味精2克、精盐6克、料酒10克、胡椒粉1克、湿生粉10克、花生油少量。

二、制作方法

（1）将白肉、火腿切成长方形（4 厘米×3 厘米×0.2 厘米）薄片备用，香菇下锅酔①香捞起切成片备用。

（2）将鲈鱼宰杀干净，从两侧起肉，鱼头开两半和鱼尾留用，把鱼肉切成双飞片（两片连在一起），加入鸡蛋清、料酒、精盐、味精、胡椒粉腌制 10 分钟备用。

（3）将香菇、白肉、火腿依序夹在鱼片中间，逐件摆进盘里，然后摆上鱼的头、尾，放上姜片和葱段，放进蒸笼用旺火蒸约 5~6 分钟，取出去掉姜片和葱段，滤出原汁备用。

（4）把油菜心稍作修剪后飞水，把飞水好的油菜心围在鱼肉的中间和两边进行装饰，炒锅洗净用小火加热，倒入原汁，加入盐、味精、胡椒粉调味，用湿生粉勾薄芡淋在鱼肉上即可。

三、菜肴主要营养成分

蒸麒麟鱼主要营养成分一览表

营养素名称	含量	营养素名称	含量
能量	1 382KCAL	蛋白质	151.37 g
脂肪	76.93 g	碳水化合物	26.21 g
饱和脂肪	0 g	钙	1 163.35 mg
铁	17.74 mg	锌	22.4 mg
钠	3 588.14 mg	钾	1 906.08 mg
磷	1 891.78 mg	胡萝卜素	42.55 μg
维生素 A	172.12 μgRE	维生素 C	1.21 mg
维生素 E	6.32 mgα－TE	膳食纤维	5.59 g
胆固醇	729.33 mg		

---

① 酔是潮菜中涨发植物原料的常用技法，先将原料用清水浸泡，捞起原料挤干水分，放到炖盅内加入上汤、瘦肉、火腿、调料上蒸笼蒸一小时。

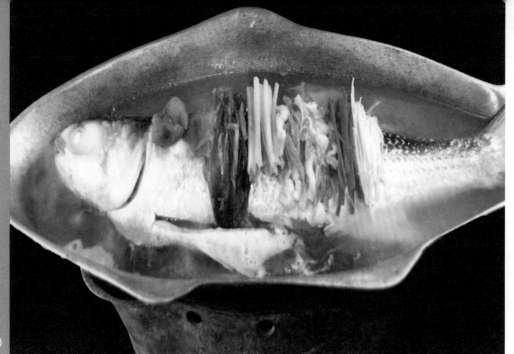

明炉酸菜乌鱼

一、原料

主料：乌鱼1条（约700克）。

辅料：酸咸菜50克、酸梅2个（约20克）、葱丝10克、姜丝10克、青椒丝10克、红椒丝10克、五花肉丝50克、上汤600克。

调料：味精2克、香麻油2克、精盐8克。

二、制作方法

（1）先将乌鱼去鳞、去鳃、开腹去内脏，洗净沥干，抹上少许精盐腌制15分钟，然后放进蒸笼蒸熟，取出备用。

（2）将酸咸菜洗干净切薄片，铺在特制明炉鱼盘的底部，再撒上部分五花肉丝，把蒸好的乌鱼放在酸咸菜上面，注入上汤，把五花肉丝、姜丝、葱丝、青椒丝、红椒丝整齐摆在乌鱼上面，把酸梅去核捣烂放入汤中，再调进味精、少量盐、香麻油，把鱼盘放到明炉上煮沸即可。

三、菜肴主要营养成分

明炉酸菜乌鱼主要营养成分一览表

营养素名称	含量	营养素名称	含量
能量	795.81 kcal	蛋白质	117.1 g
脂肪	35.03 g	碳水化合物	4.13 g
饱和脂肪	0 g	钙	148.63 mg
铁	4.17 mg	锌	5.58 mg
钠	3 150.27 mg	钾	1 592.94 mg
磷	1 136.57 mg	胡萝卜素	58.95 μg
维生素 A	11.84 μgRE	维生素 C	4.21 mg
维生素 E	20.41 mgα – TE	膳食纤维	1.27 g
胆固醇	609.4 mg		

潮汕人常说的乌鱼是指鲻鱼，属硬骨鱼纲、鲻形目、鲻科，又称乌鲻、白眼、青眼梭、乌头鲻、鲻鱼、泡头、黑鲻、乌头、乌鲻鱼、黑耳鲻，系暖温性近海河口常见鱼类。

薏米炖甲鱼

一、材料

主料：甲鱼1个（约500克）。

辅料：薏米100克、指甲姜片①15克、葱白段15克、红枣20克、上汤500克。

调料：精盐6克、味精2克、胡椒粉0.5克、料酒5克。

---

① 指甲姜片是指将姜切成中指指甲大小的菱形片。

二、制作方法

（1）将活甲鱼放到 70℃ 温水中烫，去掉甲鱼表面的黑膜，开膛去内脏和脂肪，将甲鱼剁成块，放到沸水中飞水去掉血污，捞起用清水洗净备用。

（2）将薏米、红枣洗净备用。

（3）上汤加入精盐、味精、料酒搅拌均匀备用。

（4）将甲鱼块放入 10 个炖盅内，均匀地加入葱白、姜片、薏米、红枣、上汤，盖上盖子放进蒸笼大火蒸 90 分钟，取出炖盅捡去姜、葱，撒上胡椒粉即可。

三、菜肴主要营养成分

薏米炖甲鱼主要营养成分一览表（以每盅计算营养成分）

营养素名称	含量	营养素名称	含量
能量	108.57 kcal	蛋白质	10.41 g
脂肪	2.5 g	碳水化合物	11.63 g
饱和脂肪	0 g	钙	43.12 mg
铁	1.84 mg	锌	1.34 mg
钠	303.04 mg	钾	147.73 mg
磷	81.96 mg	胡萝卜素	4.19 μg
维生素 A	70.15 μgRE	维生素 C	0.11 mg
维生素 E	1.15 mgα – TE	膳食纤维	0.46 g
胆固醇	50.5 mg		

酸甜鳜鱼

一、材料

主料：鳜花鱼 1 尾（约 800 克）。

辅料：面包糠 150 克、姜 15 克、葱 10 克、鸡蛋液 25 克。

调料：茄汁 20 克、白醋 15 克、白糖 20 克、湿生粉 5 克、盐 5 克、料酒 10 克、梅膏酱 20 克、花生油适量。

二、制作方法

（1）将鳜花鱼去鳃、去鳞、去内脏，沿着背鳍贴着鱼骨取出两片鱼肉，用斜刀法顺着鱼肉肌肉条纹将鳜鱼肉切成较厚鱼片，用姜葱汁、料酒、盐、鸡蛋液将切好的鳜鱼片腌制 10 分钟备用。

（2）将腌制好的鳜鱼片粘上一层面包糠备用。

（3）炒锅洗净倒入适量的油用大火加热，当油温升至四成热时放入鳜鱼片，炸至色泽金黄、表面酥脆捞出，油温加热至六七成热时，把鱼片放入锅中复炸 15 秒，捞起鱼片滤干油备用。

（4）炒锅洗净倒入少量清水，用小火加热，倒入白糖、茄汁、梅膏酱搅匀，加入白醋，快速用湿生粉勾浓芡①制成酸甜酱，倒入两个酱碟中，将两个酱碟和炸好的鱼片摆成太极形即可。

三、菜肴主要营养成分

酸甜鳜鱼主要营养成分一览表

营养素名称	含量	营养素名称	含量
能量	1 425.63 kcal	蛋白质	94.99 g
脂肪	51.2 g	碳水化合物	146.29 g
饱和脂肪	1.83 g	钙	882.14 mg
铁	9.64 mg	锌	9.28 mg
钠	4 013.64 mg	钾	2 628.33 mg
磷	1 817.11 mg	胡萝卜素	83.89 μg
维生素 A	154.84 μgRE	维生素 C	2.32 mg
维生素 E	8.55 mgα – TE	膳食纤维	4.3 g
胆固醇	1 134.73 mg		

---

① 浓芡又称厚芡，属于芡状中的一种形态，是指一层糊化的生粉厚厚裹在原料上。

橙汁玉米鱼

一、材料

主料：鲩鱼尾段 700 克（鲩鱼身段要选择靠尾巴部分，肉的厚度较为均匀，且改刀定型后比较像玉米棒的尾部）。

辅料：大玉白菜 2 棵（实际使用约 60 克）、龙须菜 20 克、葱 30 克、姜 30 克。

调料：味精 3 克、盐 5 克、料酒 10 克、吉士粉 5 克、干生粉 100 克、湿生粉 8 克、浓缩橙汁 50 克，白米醋 5 克，白糖 30 克、花生油适量。

二、制作方法

（1）把玉白菜洗净，将整棵玉白菜按照3∶1的比例切成两瓣，把较大瓣的玉白菜用小刀修刻成玉米衣形，龙须菜浸发洗净和刻好的玉白菜一起放到沸水中飞水至八成熟，捞出放到冰水中激凉①，捞起滤干水分备用。

（2）将鲩鱼段沿着主骨取出两整块鱼肉，削平鱼肉较厚部分，切掉鱼肉较薄部分，将鱼块修成长条形再用十字花刀处理，纵向正切间隔约0.6厘米，横向正切间隔约0.4厘米，深度约为鱼块厚度的2/3。

（3）将改好刀的鱼块用姜、葱、料酒腌制去鱼腥，调入味精、盐、吉士粉抹匀腌制15分钟，再均匀地拍上干生粉备用。

（4）炒锅洗净倒入适量的油，用大火加热，当油温升至五六成热时，拍抖出鱼内多余生粉，双手拿住鱼块的两端，用拇指和中指将鱼块压成玉米棒形，慢慢放到油中浸炸，定型后再放入油锅中炸至金黄色，捞起，再提高油温把鱼放到油锅中复炸，至外表发脆，捞起滤干油备用。

（5）炒锅洗净，用中火加热，按顺序加入清水半勺、白糖、橙汁、湿生粉水、米醋搅匀，最后下少许包尾油调制出酱汁备用。

（6）将玉米鱼、玉白菜、龙须菜拼摆成玉米棒形，淋上酱汁即可。

三、菜肴主要营养成分

橙汁玉米鱼主要营养成分一览表

营养素名称	含量	营养素名称	含量
能量	1 353.15 kcal	蛋白质	120.88 g
脂肪	37.32 g	碳水化合物	139.86 g
饱和脂肪	0 g	钙	516.3 mg
铁	17.88 mg	锌	6.82 mg
钠	1 664.41 mg	钾	2 450.92 mg
磷	1 499.87 mg	胡萝卜素	1 973.2 μg
维生素 A	403.95 μgRE	维生素 C	95.12 mg
维生素 E	14.42 mgα－TE	膳食纤维	5.38 g
胆固醇	598.5 mg		

---

① 激凉是指原料飞水或焯水后，迅速放入冰水中降低原料的温度，防止原料的继续后熟，保持原料特有的色泽和口感。植物原料飞水或焯水后都需要激冰水处理。

参考文献

[1] 方树光. 潮菜掇玉. 香港：旅游出版社，2009.

[2] 许永强. 潮州菜大全. 汕头：汕头大学出版社，2001.

[3] 汕头市饮食服务公司. 中国潮州名菜谱. 广州：岭南美术出版社，1989.

[4] 萧文清. 中国正宗潮菜. 广州：广东科技出版社，2000.

[5] 陈汉初. 潮俗丛谭. 汕头：汕头大学出版社，2004.

[6] 萧帆. 中国烹饪词典. 北京：中国商业出版社，1992.

[7] 黄明超. 粤菜烹饪教程. 广州：广东经济出版社，2007.

[8] 季鸿崑. 烹调工艺学. 北京：高等教育出版社，2003.

[9] 冯磊. 烹饪营养学. 北京：高等教育出版社，2003.

[10] 杨月欣等. 中国食物成分表（第一册）. 北京：北京大学医学出版社，2009.

[11] 杨月欣等. 中国食物成分表（第二册）. 北京：北京大学医学出版社，2005.

[12] 杨月欣等. 营养配餐和膳食评价实用指导. 北京：人民卫生出版社，2008.

[13] 高俊德等. 燕窝一般营养成分分析. 营养学报，1988（2）.

[14] 陈晓平等. 林蛙油主要营养成分的研究. 食品科技，2005（8）.

[15] 胡鑫等. 林蛙油中主要营养保健成分含量的研究. 吉林农业大学学报，2003（2）.

[16] 江东勤. 潮州菜形成、发展的文化脉络. 广东职业技术师范学院学报，1999（3）.

[17] 黄武营，彭珩. 浅析推动潮州菜发展的几大因素. 当代旅游，2010（5）.

[18] 陈汉初. 潮州菜在中国烹饪文化中的地位及发展前景展望. 中国食品，2003（21）.

[19] 吴二持. 论潮汕美食之"美". 汕头大学学报（人文社会科学版），

2003（19）.

　　［20］武文涵，孙学安．把握食品安全全程控制起点——从农药残留视角看我国食品安全．食品科学，2010（31）.

　　［21］谭达全，邓冰湘．药膳食疗浅述．湖南中医杂志，2005（21）.

　　［22］沈启绵．海滨邹鲁是潮州．岭南文史，1998（16）.

　　［23］陈友义．试论地理环境对潮汕传统文化精细特色的影响．汕头大学学报，2002（18）.

后　记

　　光阴荏苒，一转眼毕业快十年了，但我依然清晰地记得 2005 年 5 月 30 日，是韩山师范学院首届烹饪专业毕业生举行毕业汇报宴的日子。很多学院领导百忙之中莅临宴会，检验首届烹饪专业毕业生的学习成果。宴会结束许久，薛军力教授（原韩山师范学院院长）、陈树思教授（原地理与旅游管理系主任）不舍离去，他们像家长一样给予我们祝福和嘱托，也和我们分享对潮州菜的见解。其中有一点让我印象非常深刻，薛院长说："我希望有一天去潮州菜馆吃饭时，打开菜谱就能清晰地看到每道菜的营养成分。"我们带着领导的祝福和嘱托依依不舍地离开了大学校园。

　　2006 年 6 月，在陈树思教授和蔡汉权老师的推荐下我回到母校工作，我非常珍惜这个难得的机会，一边工作一边学习，不断地充实自己的专业知识，薛院长的期望我一直没有忘记。2010 年我将自己探索潮菜营养成分的想法和黄俊生老师、郑钻科老师交流，并得到他们的认同。于是，我们一起指导学生刘晓珠、陈奕虹、李正旭和温晓娟，完成大学生"挑战杯"项目之"潮州菜菜点营养成分分析与研究"。研究成果得到了很多专家的认同，并荣获第十一届"挑战杯"广东大学生课外学术科技作品竞赛二等奖。为了能够扩大研究成果的影响，陈蔚辉教授一直鼓励和支持我将研究成果整理出版，于是我重新选择了 80 道更具代表性的潮菜作为研究对象，以科学的态度将每道菜肴用料量化，制作过程规范化，菜肴主要营养成分数据化、直观化，将菜肴的各类信息直观清晰地展示给消费者，让他们在饮食消费的同时，能够根据自身所缺乏的营养元素及其程度来选择适合自己营养需求的佳肴。

　　本书能够顺利地完成和出版，要特别感谢著名语言文化研究学者——林伦伦教授为本书作序并提出许多宝贵意见和建议，同时要感谢潮菜非物质文化遗产传承人——方树光老师在本书的菜肴制作环节给予我的帮助。还有陈蔚辉教授、黄景忠教授、胡朝举博士、陶育兵老师、黄俊生老师、郑钻科老师、张旭老师、彭珩老师、燕宪涛老师、许永强老师、刘宗桂老师、陈俊生老师、朱慧博士和杨莹汕老师，他们为本书的写作提供了许多帮助，在此一并表示衷心的感谢。最后要感谢我的家人，特别是我的妻子蓝琚，对我工作的理解和支持，在我写作期间担起了家庭的重担。

《潮菜制作技术与营养分析》中体现的"各取所需"理念，符合全世界所倡导的"低碳生活"理念，使食客们在品尝美食的同时又不觉得烦腻，不会造成食物的浪费，并且适量摄入人体生命所必不可少的营养元素，能够保证新陈代谢的顺畅运行。当然《潮菜制作技术与营养分析》只是潮菜健康饮食这一大课题的开端，权为潮菜健康饮食的发展抛砖引玉。由于本人水平有限，不足之处恳请各位行家指正，我也将继续努力，希望能够与各位专家一起将潮菜营养成分分析普遍化、数据权威化，将成果建设成潮菜营养成分查询网站，开发成潮菜营养搭配点餐软件，供广大消费者和餐饮企业使用，为推动潮菜的发展和人们的饮食健康作出贡献。

黄武营

2013 年 9 月 22 日于韩山师范学院